U0395273

格致方法·定量研究系列　吴晓刚　主编

潜类别尺度分析

［美］C.米切尔·戴顿（C. Mitchell Dayton）著

许多多 译　贺光烨 校

SAGE Publications, Inc.

格致出版社　 上海人&出版社

出版说明

　　由香港科技大学社会科学部吴晓刚教授主编的"格致方法·定量研究系列"丛书，精选了世界著名的SAGE出版社定量社会科学研究丛书，翻译成中文，起初集结成八册，于2011年出版。这套丛书自出版以来，受到广大读者特别是年轻一代社会科学工作者的热烈欢迎。为了给广大读者提供更多的方便和选择，该丛书经过修订和校正，于2012年以单行本的形式再次出版发行，共37本。我们衷心感谢广大读者的支持和建议。

　　随着与SAGE出版社合作的进一步深化，我们又从丛书中精选了三十多个品种，译成中文，以飨读者。丛书新增品种涵盖了更多的定量研究方法。我们希望本丛书单行本的继续出版能为推动国内社会科学定量研究的教学和研究作出一点贡献。

总 序

2003 年，我赴港工作，在香港科技大学社会科学部教授研究生的两门核心定量方法课程。香港科技大学社会科学部自创建以来，非常重视社会科学研究方法论的训练。我开设的第一门课"社会科学里的统计学"（Statistics for Social Science）为所有研究型硕士生和博士生的必修课，而第二门课"社会科学中的定量分析"为博士生的必修课（事实上，大部分硕士生在修完第一门课后都会继续选修第二门课）。我在讲授这两门课的时候，根据社会科学研究生的数理基础比较薄弱的特点，尽量避免复杂的数学公式推导，而用具体的例子，结合语言和图形，帮助学生理解统计的基本概念和模型。课程的重点放在如何应用定量分析模型研究社会实际问题上，即社会研究者主要为定量统计方法的"消费者"而非"生产者"。作为"消费者"，学完这些课程后，我们一方面能够读懂、欣赏和评价别人在同行评议的刊物上发表的定量研究的文章；另一方面，也能在自己的研究中运用这些成熟的方法论技术。

上述两门课的内容，尽管在线性回归模型的内容上有少量重复，但各有侧重。"社会科学里的统计学"从介绍最基本的社会研究方法论和统计学原理开始，到多元线性回归模型结束，内容涵盖了描述性统计的基本方法、统计推论的原理、假设检验、列联表分析、方差和协方差分析、简单线性回归模型、多元线性回归模型，以及线性回归模型的假设和模型诊断。"社会科学中的定量分析"则介绍在经典线性回归模型的假设不成立的情况下的一些模型和方法，将重点放在因变量为定类数据的分析模型上，包括两分类的 logistic 回归模型、多分类 logistic 回归模型、定序 logistic 回归模型、条件 logistic 回归模型、多维列联表的对数线性和对数乘积模型、有关删节数据的模型、纵贯数据的分析模型，包括追踪研究和事件史的分析方法。这些模型在社会科学研究中有着更加广泛的应用。

修读过这些课程的香港科技大学的研究生，一直鼓励和支持我将两门课的讲稿结集出版，并帮助我将原来的英文课程讲稿译成了中文。但是，由于种种原因，这两本书拖了多年还没有完成。世界著名的出版社 SAGE 的"定量社会科学研究"丛书闻名遐迩，每本书都写得通俗易懂，与我的教学理念是相通的。当格致出版社向我提出从这套丛书中精选一批翻译，以飨中文读者时，我非常支持这个想法，因为这从某种程度上弥补了我的教科书未能出版的遗憾。

翻译是一件吃力不讨好的事。不但要有对中英文两种语言的精准把握能力，还要有对实质内容有较深的理解能力，而这套丛书涵盖的又恰恰是社会科学中技术性非常强的内容，只有语言能力是远远不能胜任的。在短短的一年时间里，我们组织了来自中国内地及香港、台湾地区的二十几位研究生参与了这项工程,他们当时大部分是香港科技大学的硕士和博士研究生,受过严格的社会科学统计方法的训练,也有来自美国等地对定量研究感兴趣的博士研究生。他们是香港科技大学社会科学部博士研究生蒋勤、李骏、盛智明、叶华、张卓妮、郑冰岛,硕士研究生贺光烨、李兰、林毓玲、肖东亮、辛济云、於嘉、余珊珊,应用社会经济研究中心研究员李俊秀;香港大学教育学院博士研究生洪岩璧;北京大学社会学系博士研究生李丁、赵亮员;中国人民大学人口学系讲师巫锡炜;中国台湾"中央"研究院社会学所助理研究员林宗弘;南京师范大学心理学系副教授陈陈;美国北卡罗来纳大学教堂山分校社会学系博士候选人姜念涛;美国加州大学洛杉矶分校社会学系博士研究生宋曦;哈佛大学社会学系博士研究生郭茂灿和周韵。

参与这项工作的许多译者目前都已经毕业,大多成为中国内地以及香港、台湾等地区高校和研究机构定量社会科学方法教学和研究的骨干。不少译者反映,翻译工作本身也是他们学习相关定量方法的有效途径。鉴于此,当格致出版社和 SAGE 出版社决定在"格致方法·定量研究系列"丛书中推出另外一批新品种时,香港科技大学社会科学部的研究生仍然是主要力量。特别值得一提的是,香港科技大学应用社会经济研究中心与上海大学社会学院自 2012 年夏季开始,在上海(夏季)和广州南沙(冬季)联合举办《应用社会科学研究方法研修班》,至今已经成功举办三届。研修课程设计体现"化整为零、循序渐进、中文教学、学以致用"的方针,吸引了一大批有志于从事定量社会科学研究的博士生和青年学者。他们中的不少人也参与了翻译和校对的工作。他们在繁忙的学习和研究之余，历经近两年的时间，完成了三十多本新书的翻译任务，使得"格致方法·定量研究系列"丛书更加丰富和完善。他们是：东南大学社会学系副教授洪岩璧，香港科技大学社会科学部博士研究生贺光烨、李忠路、王佳、王彦蓉、许多多，硕士研究生范新光、缪佳、武玲蔚、臧晓露、曾东林，原硕士研究生李兰，密歇根大学社会学系博士研究生王骁，纽约大学社会学系博士研究生温芳琪，牛津大学社会学系研究生周穆之，上海大学社会学院博士研究生陈伟等。

陈伟、范新光、贺光烨、洪岩璧、李忠路、缪佳、王佳、武玲蔚、许多多、曾东林、周穆之，以及香港科技大学社会科学部硕士研究生陈佳莹，上海大学社会学院硕士研究生梁海祥还协助主编做了大量的审校工作。格致出版社编辑高璇不遗余力地推动本丛书的继续出版，并且在这个过程中表现出极大的耐心和高度的专业精神。对他们付出的劳动，我在此致以诚挚的谢意。当然，每本书因本身内容和译者的行文风格有所差异，校对未免挂一漏万，术语的标准译法方面还有很大的改进空间。我们欢迎广大读者提出建设性的批评和建议，以便再版时修订。

我们希望本丛书的持续出版，能为进一步提升国内社会科学定量教学和研究水平作出一点贡献。

吴晓刚

于香港九龙清水湾

目 录

序

社会科学中的测量是可以被观察到的,而被测量的概念却不是。比方说,为了测量"政治野心",一个政治学家可能会在问卷中设计多个相关题目并组织向一群政党活动家和准候选人发放问卷。这些题目上的得分在某种程度上可以昭显野心这一变量,它虽然不能被直接观察到,但却是潜在的。如何来对这一潜结构进行建模呢?这取决于很多事情,其中一个便是显变量和潜变量的测量层次。如果两个都是连续变量,那么一些因子分析的方法可能是适宜的。(在这一系列丛书中,请参考 Kim 和 Mueller 的《因子分析概论》和《因子分析》;Long 的《验证性因子分析》;Dunteman 的《主成分分析》。)然而,假设两个变量都是分类变量,那么一种"针对定类数据的因子分析"的潜类别分析则更受青睐。(在这一系列丛书中,请参考 McCutcheon 的《潜类别分析》)如果测量的层次是定序的呢?正如在我们的例子中,假设"政治野心"是一个被排序为"低,中,高"的尺度。如果变量是如此排序的话,那么我们就应该使用戴顿(Dayton)博士在这里将要详细阐释的潜类别尺度模型。

研究这类尺度的一个经典例子就是古特曼尺度(Guttman scale),其中的变量得分是依据某一次序排列的。例如,在政治野心调查中,也许有三个二分类变量,X,Y 和 Z。对于变量 X,受访者被问到"你愿意在当地的俱乐部讲话吗?";对于变量 Y,受访者被问到"你愿意走上街头发表演说吗?";对于变量 Z,受访者被问到"你愿意到华盛顿演讲吗?"这些变量是按照政治承诺的难易程度排序的。所以想必对 Y 回答说"是"的受访者应该对 X 也会回答"是",而对 Z 回答"是"的受访者应该也会对 X 和 Y 回答"是"。总之,理论上的回答向量为{000}、{100}、{110}和{111},其中 1＝是,0＝否。显然,不可能所有的受访者都会给出一个"理论上正确"的回答。例如,有人可能对 Y 回答"是"而对 X 和 Z 回答"否",即{010}。戴顿博士将这一错误的回答假设为一个误差,这一做法的优势是允许概率处理。

戴顿博士所关注的潜类别尺度模型适用于上述这类二分变量。他用大量经过精挑细选的经验性例子来教授这一技术。实例涉及有关对学术舞弊的调查、儿童对于空间任务的掌握、对肺病的医疗诊断、对军队的态度,以及角色冲突中的行为。除此之外,他还仔细回顾了用于潜类别分析的计算机程序,并提供了一个网站来跟踪有关方法的最新发展。这一专著完整地阐述了很多可用的模型,对于那些在心理学、社会学和教育学方向需要做细致尺度分析的研究者来说意义非凡。

迈克尔·S.刘易斯-贝克

第**1**章

引言和概述

保尔·拉扎斯菲尔德和尼尔·亨利(Paul Lazarsfeld & Neil Henry, 1968)在他们的经典之作《潜结构分析》一书中，明确提出了社会科学概念"意义"的基本原则。虽然有很多概念是模棱两可或容易混淆的，如诚实、能力、焦虑、移情、内向，但他们认为这些概念是显性的，而行为指标是通过概率性的关系而不是刚性的法则与概念相联系的。潜结构模型已经被广为运用。它善于将显变量的本质概念化为连续的或分类的；类似地，它可以将底层的概念看做代表连续的或分类的潜变量。冒着过分简化的风险，我们可以认为，因子分析(FA)及其一般表达，还有结构方程模型(SEM)关注的是显变量和潜变量同为连续变量的情况；而潜类别分析(LCA)的关注点则是显变量和潜变量同为分类变量的情况；其他类型的潜结构模型可以运用于连续和分类变量相结合的情况。例如，心理学中一个叫做项目反应理论(item response theory,简称 IRT)的测量模型常常假设显变量(如，对成绩测试题目的回答)是分类的，而底层的潜变量(如，能力)是连续的。从另一方面来说，被称为离散混合模型的统计分布模型可能会假设连续的显变量遵循正态分布，而底层的潜结构则是分类的。

近几十年潜类别建模有了重大的进步,而随着计算能力的不断增长,这些进步很多都被用于实际应用中。确实,专门的应用程序发展如此之快,以至于适时地向研究者们提供关于具体应用程序的指导变得尤为必要。这本小册子关注的是有序尺度或分层结构的潜类别模型的应用,而这些模型在社会学、心理学、医学、商学和教育学等众多领域中兴起。所谓"分层结构",指的是底层的潜类别结构被假设为遵循某一特定的顺序属性的情况。例如,两个潜类别中的第一个可能代表着被概念化为"诚实"的潜变量的更高层级。具体来说,我们考虑的是那些数据为二分类(或者,更广泛的,多分类)变量的情况。此外,我们还假设潜结构包含两个或以上的离散潜类别。在有关两分类最简单的情况下,每一个显变量在概率上分别与每一个潜类别相联系。举一个来自研究文献(Dayton & Scheers, 1997)的例子,在这一调查中,受访者被要求对一系列与学术不诚实有关的问题给出是或否的回答(例如,"你是否曾经抄袭坐在你旁边人的答案?")。对这些数据的潜类别分析说明有两种类型的受访者,他们分别可以被描述为惯性的作弊者和非作弊者。对于惯性的作弊者,尽管他们事实上不一定参与了所有不同的舞弊行为(至少在调查规定的时间范围之内不是),但是他们具有更高的概率对每一个调查问题回答"是"。同样地,一个非舞弊者也可能偶尔犯错误。相对而言,他们对每一个调查问题给出肯定回答的概率都要更低。需要特别注意的是,这个对惯性舞弊者的概念化是概率性的或模糊的,而不是确定性的。

在更复杂的情况下,可能会有一系列的潜类别分别代表一个有序尺度或者分层结构的不同层级。同样地,我们假设存在一个概率模型可以将每一个显变量与这些层级联系起来。例如,在儿童发展的文献中,有证据表明儿童对左—右空间任务的掌握存在一个三阶段的发展序列(Whitehouse, Dayton & Eliot,1980)。成功完成一个诸如"伸出你的左手"的任务要比完成一个诸如"把你的左手放到右膝盖上"的任务出现在更早的发展阶段,因为后者涉及跨中线识别。相应地,这一任务要比一个诸如"把你的左手放到我的右手"的任务出现在更早的发展阶段,因为后者涉及反方向的识别。然而,显变量是概率性的而不是确定性的;它与这些阶段相联系,特别对这一特定数据来说,有几个儿童尽管没有完成第一个任务,但是他们完成了第二个任务。在对这样的尺度进行概念化的过程中,我们很有必要用合法的响应向量(response vector)定义理想类型。对于上述三个左—右空间任务,其理想类型则是那些在发展水平上属于{000}、{100}、{110}和{111}四个响应向量其中之一的儿童,其中 1 代表成功完成了任务,0 代表没有完成任务。

为了保持一致性,本文将会使用一些标准术语来描述特定类型的模型。如果潜结构被概念化为包含两个潜类别,正如舞弊调查的那个例子所代表的那样,这一模型就被称为"极端类型"。之所以这么叫是因为在两个潜类别上给出肯定回答的概率总是有一个要比另一个高。事实上,我们的分析不一定能够揭示这个一贯模式,对极端类型描述的适当性要依情况而定。有时候我们假设对显变量的响应之间是简单的前提条件关系,例如在左—右空间感的例子中那样,这时我们使用"线性尺度"或者等效地使用"古特曼尺度"(Gutt-man scale)一词,该词是用来纪念路易斯·古特曼(Louis

Guttman)(1947)的先驱性贡献。线性尺度或古特曼尺度的独一无二之处在于变量是依据某一特定的方式排序的。考虑这么一个例子,加减、乘除法的考试题目被用来评估学童对简单算数技能的掌握,然而乘法涉及加减法技能。因此,对于一个在这些技能上背景不一的学生样本来说,人们会发现,在高层次技能上的良好表现必须依赖于在低层次技能上的良好表现。于是,这三个题目的理想类型可以用与左—右空间感的那个例子中一样的合法的响应向量:{000}、{100}、{110}和{111}。注意,因为有的孩子可能不能完成任何一种算数任务,所以响应向量{000}被包含其中。

对于某些变量来说,前提条件关系可能比用一个简单的线性尺度表达要复杂得多。所以,我们也考虑那些存在两组或以上独立关系的双形和多形尺度。比方说,Airasian (1969)展示了三个化学测试题目上的得分数据。尽管在理论上一个线性尺度看似适合数据,但事实上有相当数量的学生答对了第二题而答错了第一题。这说明可能存在基于两种截然不同的题目排序的双形尺度。假设题目的排序为 ABC,同之前一样,有一组理想类型被表示为{000}、{100}、{110}和{111}四个合法的响应向量,而另一组为{000}、{010}、{110}和{111}。请注意题目 C 在两组理想类型中都依赖于题目 A 和题目 B,但是由于题目 A 和 B 互不为对方的前提条件,因此它们是相互独立的。双形尺度的理想类型所对应的一组响应向量是以上两组理想类型所对应的响应向量的结合体,即:{000}、{100}、{010}、{110}和{111}。

可以说现代线性尺度模型始于 Proctor(1970)在理想类型概念上发展起来的概率模型。他认为古特曼尺度模型实际上是一种限制性的潜类别模型，其中非尺度类型回答的产生是由于回答"误差"。这一概念被 Dayton & Macready(1976)扩展出不同类型的响应误差。事实上，这两种模型，包括其他各种模型，都被纳入到 Goodman(1974)所提出的模型中。应该要注意的是，这里所展示的潜类别模型都局限于基于二分类响应变量的线性尺度。类似有关使用李克特式回答格式的评分尺度题目的模型也已经被开发（如，Rost，1985，1988）。除此之外，定标的其他方法可基于潜在特质理论（latent trait theory，例如参见 van der Linder & Hambleton，1997），有些潜在特质技术是分布自由的（distribution free；例如，Mokken & Lewis，1982；Sijtsma，1988）。

　　下一章，我将会总结一些关于潜类别模型的背景和理论发展。尽管估计步骤有些复杂，而且还需要相当高的计算能力，但基本的概念只涉及初级的概率思想。对于那些希望更深入探索潜类别建模的数学奥妙的读者，除了 Goodman(1974)的著作，还可参考 Haberman(1979)和 Hagenaars(1990)的著作。要想广泛地了解（不仅仅针对于线性尺度的）潜类别建模，一些有用的文献包括有 McCutcheon(1987)、Clogg(1995)和 Dayton(1991)的著作。

第 **2** 章

潜类别模型

第 1 节 | 一般模型

我们假设可供分析的数据来自一个包含 N 个个案 V 个二分类变量的样本。虽然我们考虑的模型可以被一般化为包括多分类变量，但过往研究文献中所发现的大部分分析都是基于二分变量的，并且为保持这一限制极大地简化了符号表达。在实际操作中，即使原始数据形式是多分类的，把类别变量转化为二分变量的做法也很常见。例如，如果调查中允许回答为"是"、"否"或"不确定"，后面两个回答可以合并起来使得新的回答类别代表对调查题目的认同或不认同。虽然当回答被合并的时候难以避免地会有一定的信息损失，但考虑到能够使模型和它们的解释更加简单明了，这一做法着实可取（尤其是当像"不确定"这样的类别很少被受访者选择时更是如此）。

假设二分类变量的数目是 V，并且分别被标记为 A、B 和 C 等等。因为这些变量是二分的，回答可以被编码为 $1/0$，并且在不同的情境下分别代表"同意/不同意"，"正确/不正确"，"存活/死亡"，"喜欢/不喜欢"，等等。一般地，被编码为 1 的回答在某种意义上代表这是研究者主要感兴趣的结果。

对于 V 个二分类变量，我们可能会观察到 2^V 个不同的回答模式。例如，当 $V = 3$ 时，$2^3 = 8$ 个不同的响应向量分别

是 $\{000\}$、$\{100\}$、$\{010\}$、$\{110\}$、$\{001\}$、$\{101\}$、$\{011\}$ 和 $\{111\}$。当然，在实际的数据中，其中一些模式可能不会真的出现。通常，一个 N 个个案的样本回答可以被总结为一个频率表，其中包含 2^V 个响应向量以及相应模式的个案数。举个例子，Airasian(1969)展示了 $N=70$ 个高中生在三个分别标记为 A，B 和 C 的化学考试题目上的表现，1 表示正确，0 表示错误(见表 2.1)。要注意有 14 个学生没有回答对任何一题(即，响应向量 $\{000\}$)，8 个学生回答对了所有的题(即，响应向量 $\{111\}$)，而两个响应向量，$\{001\}$ 和 $\{011\}$，没有在任何学生身上被发现。

在这一节剩下的内容中，我将会总结潜类别分析的一个基础理论。这一理论主要围绕线性尺度的模型，但其实际应用范围更广泛，旨在引进一些适用于潜类别模型不同应用的基本概念。

表 2.1 Airasian 化学测试题目

题目$\{ABC\}$	频　率	题目$\{ABC\}$	频　率
$\{000\}$	14	$\{101\}$	2
$\{100\}$	17	$\{011\}$	0
$\{010\}$	9	$\{111\}$	8
$\{110\}$	20	合计	70
$\{001\}$	0		

数学模型

一个非限制性潜类别模型包含两个或多个潜类别，每一个类别对 V 个显变量都有着自己独特的一组条件概率。每一个条件概率都代表着给定某一潜类别，该变量上出现回答

"1"(亦即正确、同意,等等)的次数的比重。在提出正式的模型时,我们采用 Goodman(1974)的符号表达,并且将注意力集中在三个显变量 A、B 和 C,它们的层级分别是 $i = \{1, 0\}$、$j = \{1, 0\}$ 和 $k = \{1, 0\}$。此外,潜变量用 X 表示,层级为 $t = \{1, \cdots, T\}$,其中 T 是潜类别的个数。在每一个潜类别中,显变量响应都有着对应的条件概率。对第 t 个潜类别,这些条件概率分别为 $\pi_{it}^{\overline{A}X}$、$\pi_{jt}^{\overline{B}X}$ 和 $\pi_{kt}^{\overline{C}X}$,其中上横杠表示条件性。因此,在第一个潜类别中,变量 A、B 和 C 的条件概率分别为 $\pi_{i1}^{\overline{A}X}$、$\pi_{j1}^{\overline{B}X}$ 和 $\pi_{k1}^{\overline{C}X}$;在第二个潜类别中,相应的条件概率则为 $\pi_{i2}^{\overline{A}X}$、$\pi_{j2}^{\overline{B}X}$ 和 $\pi_{k2}^{\overline{C}X}$;……;以此类推。具体来说,条件概率 $\pi_{i1}^{\overline{A}X}$ 表示,给定响应来自潜类别 1 的成员,显变量 A 取值为 $i = \{1, 0\}$ 的概率。

同一般的概率一样,条件概率取值在 0 和 1 之间(例如,$0 \leqslant \pi_{it}^{\overline{A}X} \leqslant 1$),并且各响应层级上的条件概率之和为 1(例如,$\pi_{11}^{\overline{A}X} + \pi_{01}^{\overline{A}X} = 1$)。另外,我们还假设潜类别 t 中受访者的比例等于 π_{t}^{X}。例如,对于一个包含两个潜类别的模型来说,潜类别的比例分别被表示为 π_{1}^{X} 和 π_{2}^{X},并且基于条件:$0 \leqslant \pi_{1}^{X} \leqslant 1$,$0 \leqslant \pi_{2}^{X} \leqslant 1$ 和 $\pi_{1}^{X} + \pi_{2}^{X} = 1$。

给定上述的概念和表达式,第 s 个个案的变量的 1/0 响应向量为 $\mathbf{y}_s = \{i, j, k\}$,一个一般非限制性潜类别模型可以通过两个步骤被设定。第一,对于任意一个响应向量,$\mathbf{y}_s$,假设属于潜类别 t 成员的概率是:

$$\mathrm{P}(\mathbf{y}_s \mid t) = \pi_{ijkt}^{\overline{ABC}X} = \pi_{it}^{\overline{A}X} \times \pi_{jt}^{\overline{B}X} \times \pi_{kt}^{\overline{C}X} \qquad [2.1]$$

方程 2.1 是基于条件概率的二项式乘积。因为 $\pi_{1t}^{\overline{A}X}$ 是在潜类别 t 中对变量 A 回答 1 的概率,而 $\pi_{0t}^{\overline{A}X} = 1 - \pi_{1t}^{\overline{A}X}$ 是在潜类别 t

中对变量 A 回答 0 的概率。如果 $i=1$，方程 2.1 包含 $\pi_{1t}^{\bar{A}X}$；而如果 $i=0$，则包含 $\pi_{0t}^{\bar{A}X}$。方程 2.1 中的模型体现了一个在潜类别分析中的很重要的基础理论概念——局部独立，即：考虑了潜类别成员身份之后，我们假设显变量的可观测回答是相互独立的。

设定一般模型的第二步是将一个响应向量的非条件概率写为跨潜类别的加权和：

$$\mathrm{P}(\mathbf{y}_s) = \sum_{t=1}^{T} \pi_t^X \times \pi_{it}^{\bar{A}X} \times \pi_{jt}^{\bar{B}X} \times \pi_{kt}^{\bar{C}X} \qquad [2.2]$$

注意方程 2.2 的右边是如下形式：

$$\pi_1^X \times \mathrm{P}(\mathbf{y}_s \mid t=1) + \pi_2^X \times \mathrm{P}(\mathbf{y}_s \mid t=2)$$
$$+ \cdots + \pi_t^X \times \mathrm{P}(\mathbf{y}_s \mid t=T)$$

也就是说，响应向量的每一个条件概率都由对应的潜类别比重所加权，而这些项的和为响应向量提供了一个总体的，或非条件的概率。对于任一个真实数据集，我们不知道潜类别比重 π_t^X，或条件概率 $\pi_{it}^{\bar{A}X}$、$\pi_{jt}^{\bar{B}X}$ 或 $\pi_{kt}^{\bar{C}X}$。甚至是潜类别的个数 T 在进行分析之前常常也是未知。然而真正的问题远不止如此，因为我们可能认为潜变量 X 代表了几个更基本的潜变量的组合，如 X_1 和 X_2，而这两个变量是受到某些限制的。例如，X 是 $T=4$ 层，这些层级可能代表着两个基本但无关的二分类潜变量的组合（参见 Hagenaars，1990；这样的模型超出了本书的范围）。故而在潜类别分析中的这个问题与因子分析中的问题十分类似。即，模型可能有不定数目的潜变量，每一个潜变量又有不定数目的层级，而我们必须在其中做出选择，并估计每一个模型对应的条件概率。如在本书接下来的章节中将看到的一样,很多类型的尺度模型都是基于这里总结的一般化模型的限定性版本。

预测潜类别成员身份

潜类别分析的另一个重要组成部分就是对不同可观测响应向量的个案预测潜类别成员身份。使用贝叶斯定理,给定响应向量 $\mathbf{y}_s$,潜类别 t 的成员身份的后验概率(posterior probability)是:

$$P(t \mid \mathbf{y}_s) = \frac{P(\mathbf{y}_s \mid t) \times \pi_t^X}{\sum_{t=1}^{T} P(\mathbf{y}_s \mid t) \times \pi_t^X} \qquad [2.3]$$

分子中的第一项 $P(\mathbf{y}_s|t)$ 由方程 2.1 给出,而第二项 π_t^X 是潜类别比重。注意潜类别比重在公式中为一个先验概率(prior probability),且分母其实就是由方程 2.2 给出的响应向量的非条件概率。对一个给定响应向量进行的实际分类,首先是对每一个潜类别计算贝叶斯定理,然后把所有具有给定向量的个案划归到后验概率最大的潜类别。当只有两个潜类别的时候,一种方便的做法是对第一个潜类别计算后验优比(posterior odds),其中该优比 $=P(t=1 \mid \mathbf{y}_s)/P(t=2 \mid \mathbf{y}_s)$,然后将优比大于 1.0 的个案划归为第一个潜类别,否则划归到第二个潜类别。

通过对每一个响应向量计算基于模态(即最大的)潜类别的被正确分类比例以及响应向量的频率 n_s,我们可以评估分类步骤成功与否。被正确分类的比例 P_c,定义如下:

$$P_c = \frac{\sum_{s=1}^{2^r} n_s \times \max[P(t \mid \mathbf{y}_s)]}{N} \qquad [2.4]$$

其中, $\max[P(t\mid\mathbf{y}_s)]$ 是响应向量 $\mathbf{y}_s$ 的模态潜类别的后验概率。当解释这一比例时,必须记住正确归类存在一个机会水平,其通过简单地将所有个案划归到占最大比例的潜类别中将该机会水平最大化。为了修正这一点,我们定义一个统计量: λ(即 lambda; Goodman & Kruskall, 1954)。如果 π_M^X 在 π_1^X, π_2^X 等中是最大的,统计量 λ 可以被定义为:

$$\lambda = \frac{P_c - \pi_M^X}{1 - \pi_M^X} \qquad [2.5]$$

在实际中, π_1^X, π_2^X 等的真实值是未知的,但是可以像第 2 章第 2 节中描述的那样用基于数据的估计所替代。

需要注意的是,因为参数估计和分类都是基于同一个数据,用 P_c 或者 λ 所指示的分类的成功率在真实数据中往往被夸大。在潜类别分析中,向上偏误的程度及其修正方法都没有被细致地研究过,但是若样本本身较大,这一偏误一般不会很大。

假想案例

这里,我们通过一个例子来帮助读者厘清目前为止提到的几个概念。表 2.2 中展示的假想数据是关于 $N = 1\,000$ 个受访者对艺术主题的兴趣,他们被要求对两个调查题目 A 和 B,做出同意/不同意的回答。请注意对题目 A 回答同意的受访者数目为 $144 + 176 = 320$ 个,或 32% 的受访者对题目 A 回答"同意",而对题目 B 回答同意的受访者数目为 $164 + 176 = 340$ 个,或 34% 的受访者对题目 B 回答"同意"。如果在该 1 000 人的样本中,对这两个题目的回答是独立的,那么将有 109 个人会同时同意两个题目（即 $1\,000 \times 0.32 \times 0.34 =$ $108.8 \approx 109$）。但实际上，有 176 个人同时同意了两个题目，这说明两个题目的回答之间缺少独立性（更正式些，皮尔森卡方独立性检验的统计量为 91.1，自由度为 1，并且这一值在任何常规统计水平上都显著）。

表 2.2　两个题目的假想数据

题目{AB}	频　率	题目{AB}	频　率
{00}	516	{11}	176
{10}	144	合计	1 000
{01}	164		

尽管明显缺乏独立性，我们仍可基于每一个潜类别内受访者对两个题目的回答是独立的假设计算出归入两个潜类别的受访者回答同意与否的频率（见表 2.2）。对于第一种类型，或类别，归入该潜类别的受访者对艺术的感兴趣程度较高，其同意题目 A 和题目 B 的概率分别为 0.8 和 0.9（即 $\pi_{11}^{\overline{A}X} = 0.80$，$\pi_{11}^{\overline{B}X} = 0.90$）。而第二种类型，归入该潜类别的受访者对艺术的感兴趣程度相对较低，其同意题目 A 和题目 B 的概率都仅为 0.2（即 $\pi_{12}^{\overline{A}X} = \pi_{12}^{\overline{B}X} = 0.20$）。另外，这个样本包括 20% 对艺术更感兴趣的类型（即 $\pi_1^X = 0.20$）和 80% 对艺术更不感兴趣的类型（即 $\pi_2^X = 0.80$）。表 2.3 分别展现了两个潜类别的比例和频率。例如，回答{10}在第一个潜类别中的比例为 $0.2 \times 0.8 \times (1-0.9) = 0.016$，而在第二个潜类别中的比例为 $0.8 \times 0.2 \times (1-0.2) = 0.128$。频率就是比例乘以样本量 1 000。已知每一个潜类别中的频率，我们可以很容易地证明各响应在潜类别中是独立的。例如，我们注意到对于在对艺术感兴趣的潜类别中，90% 对题目 A 回答"1"的人和

90％对题目 A 回答"0"的人,都对题目 B 回答了"1"(即比例分别是 144/160＝0.9 和 36/40＝0.9)。因此,表2.2缺乏明显独立性的响应是混淆了两种类型受访者(即,对艺术感兴趣程度较高和较低的受访者)的结果,而在每种类型内部,其满足局部独立性(local independence)条件[1]。对于真实数据,潜类别模型很难得到如假想数据一样的完美拟合,然而仍有一些方法可以帮助我们决定模型对数据的拟合是否合理。

表 2.3　两个假想题目的潜类别结构

题目$\{A, B\}$	频　率	比　　　　例		频　　　率	
		潜类别1	潜类别2	潜类别1	潜类别2
$\{00\}$	516	0.004	0.512	4	512
$\{10\}$	144	0.016	0.128	16	128
$\{01\}$	164	0.036	0.128	36	128
$\{11\}$	176	0.144	0.032	144	32
合计	1 000	0.200	0.800	200	800

表 2.4 为通过方程 2.3 对假想数据运用贝叶斯定理所得的结果。表中贝叶斯概率可通过表 2.3 中的题目直接得出。如,$P(t＝1 \mid \mathbf{y}_s＝\{10\})＝0.016/(0.016＋0.128)＝0.111$。值得注意的是只有当响应向量为$\{11\}$的时候,其后验概率才比对艺术的兴趣程度较低的响应向量的后验概率高,从而该条件是受访者被归入对艺术具有较高兴趣的潜类的重要标准。其中,被正确归类的比例 P_c 等于 [(516×0.992)＋(144×0.889)＋(164×0.780)＋(176×0.818)]/1 000＝0.912。修正机会比率后,$\lambda＝(0.912－0.800)/(1－0.800)＝0.56$。即,将所有人都归入对艺术感兴趣程度较低的类别所得的正确归类的机会比例在运用贝叶斯定理进行归类后,该比例提高了 56％。

表 2.4 假想数据的贝叶斯归类

题目 $\{AB\}$	频 率	$P(c=1\mid Y)$	$P(c=2\mid Y)$	类 别
$\{00\}$	516	0.008	0.992	2
$\{10\}$	144	0.111	0.889	2
$\{01\}$	164	0.220	0.780	2
$\{11\}$	176	0.818	0.182	1
合计	1 000			

第 2 节 ｜ **估计参数**

最大似然估计

虽然潜类别模型属于具有潜变量的对数线性模型的一种,参数估计的常规方法却是最大似然估计。按照方程 2.2 中的定义,一个具有 N 个个案的样本的似然率为:

$$L = \prod_{s=1}^{2^r} \mathrm{P}(\mathbf{y}_s)^{n_s}$$

这里 n_s 是响应向量 $\mathbf{y}_s$ 的个案观测频率。实际上,似然率是给定模型时的样本概率。在某些特定的潜类别模型中,对潜类别比例 $\hat{\pi}_t^{\bar{X}}$,以及条件概率 $\hat{\pi}_{it}^{\bar{A}X}$、$\hat{\pi}_{jt}^{\bar{B}X}$ 和 $\hat{\pi}_{kt}^{\bar{C}X}$ 的最大似然估计(MLEs)是通过设定合理的参数令 L 最大化而获得(通常,在模型中对参数的最大似然估计都用上标 ^ 表示)。不幸的是,与像回归分析和方差分析这类被广为人知的统计步骤不一样,计算这些最大似然估计并不存在通用的闭合形式的公式。然而,只要所考虑的潜类别模型满足一些特定的可识别性条件,我们就可以通过诸如估计最大化(EM)算法,或费希尔(Fisher)的评分方法的迭代步骤找到这些最大似然估计。

模型识别

从数学角度来说，识别一个潜类别模型的充分条件是最大似然估计的理论协方差矩阵是正定的。这一要求多少有些技术性，但意味着在参数中间不存在共线性。第二个必要非充分条件仅仅是模型的自由度为零或正数。对于 V 个二分变量，存在 2^V 个具有相应发生频率的响应向量。模型的自由度为 2^V-m-1，其中 m 是潜类别模型中独立参数的总量。例如，对于一个非限制性的两类别模型，通常有 $2V+1$ 个独立参数。于是，对于 $V=3$，则有 $8-7-1=0$ 个自由度，这是一个非限制性的两类别模型被估计所需要的最小变量数（也就是说，一个非限制性的两类别模型如果只有两个变量则不能被估计）。但是需要注意的是，非负自由度并不一定意味着模型可以被识别。例如，具有 $V=4$ 个变量的非限制性三类别模型可能无法被识别（如，最大似然估计的协方差矩阵不是满秩的），即便自由度是 $16-12-2-1=1$。关于 EM 算法和可识别性的更多详细内容被总结在 McCutcheon（1987:21—27）和 Bartholomew（1987:第二章）的书中。

潜类别分析的计算机程序

进行潜类别分析最早也是最为广泛运用的程序是 Clogg（1977）的 MLLSA。该程序使用 EM 算法，在评估协方差矩阵的秩方面有重要的优势，因此有助于确定模型的可识别性。MLLSA 最初的版本是为大型计算机设计的，之后为适应微电脑进行了一些改进。[2]相关简介和范例可参考网页//www.inform.umd.edu/EDUC/Depts/EDMS。另一个受欢迎的潜类别程序是 LCAG(Hagenaars & Luijkx,1987),它同样也是基于 EM 算法,由于有一些特质其可以简化对特定高级模型的拟合。类似地,LCAG 可以通过输入子表来分析部分缺失的数据(如,对于那些在变量 D 上有缺失的个案来说,数据可以被输入为 $A \times B \times C$ 的子表格)。最后,Vermunt (1993)开发的程序——LEM 也可以处理包括潜类别模型在内的各种各样的模型,并且该程序的一个优势是它能提供参数估计的标准误。不像 MLLSA 或 LCAG,LEM 中的潜类别模型也可以被概念化为包含潜变量的对数线性模型(参见第 2 章第 4 节)。LEM 结合了 MLLSA 和 LCAG 的大部分(即便不是全部)特征,并且可以选择输入原始数据而非观测响应向量的频率表(在显变量的数量较大的时候这个选择就很有用)。虽然这本书中所报告的分析都是基于 MLLSA,但是有关 LEM 程序可参见网页//cwis.kub.nl/~fsw_1/mto/。

　　基于 EM 算法的程序有一个有趣的特点,那就是即使当模型对数据的拟合还没有被识别的时候参数估计就可被计算出来。如前面提到的,MLLSA 作为选择之一确实可以提供最大似然估计的协方差矩阵的秩估计,以及可以提供用以评估一个适当限制的可识别模型的拟合所需要的自由度。然而,若一个模型无法被识别,一般就存在很多组不同的参数估计,其都可以很好地拟合数据。遇到这类问题,MLLSA 这类程序会对参数估计施加一些隐性限制。有关识别性问题及其运算应用的进一步讨论可参见 Clogg(1995)。

第 3 节 | 评估模型对数据的拟合

在第 1 节中，假想案例数据是通过一个已知且具体的潜类别结构生成的。对于现实世界中的数据，潜结构是未知的，从而分析者的任务就是估计感兴趣的潜类别模型参数并决定模型对数据的拟合是否在可接受范围以内。在实践中，通常需要比较几个竞争模型。有不少技术可以有助于这一尝试，在这一节中将阐发其中的三个方法：卡方显著性检验、基于信息量准则的相对拟合的测量和模型拟合指标[其中指标 π^* 的构建方法由 Rudas, Clogg & Lindsay(1994)提出]。

卡方拟合优度检验

一个给定潜类别模型对观测数据的拟合优度可以通过用基于观测和预期频率的卡方检验进行评估。通常用到的卡方统计量有两个，一个是大家熟悉的皮尔森统计量 X^2，它基于观测和预期频率的差别；而另一个是相对陌生的似然比统计量 G^2，它基于观测和预期频率之比的对数。假设我们已经计算出最大似然参数估计，通过将 2^V 个响应向量的任意一个代入方程 2.2，即可以得到预期概率，$\hat{P}(\mathbf{y}_s)$。因此，当存在 N 个观测对象时，第 s 个响应向量的预期频率为：

$$\hat{n}_s = N \times \hat{P}(\mathbf{y}_s) \qquad [2.6]$$

让 n_s 表示响应向量的相应观测频率，这两个卡方统计量分别是：

$$X^2 = \sum_{s=1}^{2^r} \frac{(n_s - \hat{n}_s)^2}{\hat{n}_s} \qquad [2.7]$$

$$G^2 = 2 \sum_{s=1}^{2^r} n_s \times \log_e \left(\frac{n_s}{\hat{n}_s} \right) \qquad [2.8]$$

当 $n_s = 0$，G^2 中包含的相应项等于 0（即，按照惯例，$0 \times \log_e(0) = 0$）。理论上，两个卡方统计量的自由度都应该等于唯一响应向量的数量（例如对于二分类数据，通常为 2^V）减去所估计独立参数的数量再减 1，即，$2^V - m - 1$，其中 m 是独立参数的数量。然而，如果渐近协方差矩阵的秩小于这个量，那么对于一个施加了适当限制条件的可识别模型，其自由度也必须相应地调整。例如，像前面提到的，在有四个变量和三个潜类别的情况下，独立参数的数量 m 等于 14，但是渐近协方差矩阵的秩只有 13。因此，拟合一个可识别模型的自由度实际上是 $16 - 13 - 1 = 2$。

如同前面讨论潜类别分析的计算机程序时提到的，当一个潜类别模型无法被识别时，一般存在多个具有完全相同预期频率 $\hat{n}_s$ 的不同限制性模型，从而这些模型的卡方拟合统计量值也完全一样。因此，对这类模型的参数估计的诠释并没有意义。那些无法识别模型参数估计的随意性可以简单地通过改变像 MLLSA 程序中解的起始值发现。通常，同时改变或择一改变潜类别比例和条件概率的起始值会改变估计值（有时改变非常巨大），却不会改变卡方拟合统计量。

对于在实践中最好用哪一个卡方统计量（X^2 还是 G^2）

来评估模型的拟合要依情况而定。如果预期频率偏小（如，通常预期频率小于 1.0 被认为是偏小；但也有研究者认为小于 5.0 就偏小了），两个统计量可能被扭曲并导致不符合相应的卡方理论分布。如果所得 X^2 和 G^2 的值相差巨大，那么这一出入通常是因为一个或两个响应向量的预期频率太小。将具有较小预期频率的响应向量合并同时相应调整其自由度（如，在计算自由度的公式中使用合并后的响应向量的总数量，而不是 2^V）即可以在某些应用中将会缓和这一问题。

Read & Cressie(1988)讨论了较小预期频率的问题。他们展示了卡方统计量的一种一般化版本，它属于拟合优度统计中的所谓的效能—分歧族（power-divergence family）。对于 V 个二分类变量，这一一般化形式的 Read-Cressie 统计量为：

$$I^2 = \frac{2}{\lambda(\lambda+1)} \sum_{s=1}^{2^r} n_s \times \left[\left(\frac{n_s}{\hat{n}_s}\right)^{\lambda} - 1 \right] \qquad [2.9]$$

其中 λ 的选择决定了统计量的具体形式。特别是，如果 $\lambda=0$（通过取极限），我们将得到方程 2.8 中的 G^2 统计量；如果 $\lambda=1$（通过做代数），我们将得到方程 2.7 中的 X^2 统计量。由于这一系列原因，Read & Cressie(1988，第六章)建议 $\lambda = \frac{2}{3}$。这一选择在潜类别建模情境下的表现还鲜为人知，尽管 LEM 程序已在用 $\lambda = \frac{2}{3}$ 来计算效能—离异统计量（在输出中报告为 Cressie-Read 统计量）。在第 6 和第 7 章中，我们以那些稀疏的频率表为案例（如，有很多 0 或小数值的观测频率）报告了 Read-Cressie 统计量。

卡方差异性检验

在嵌套模型的特定情形下,使用卡方检验来比较不同的替代模型是适宜的。当通过对参数较多的模型施加一个或多个限制条件而得到参数更少的模型时,就出现了嵌套模型。例如,对一个有四个变量 A, B, C 和 D 的两类别模型,我们可以通过假设在每一潜类别中所有的条件概率都相等来施加限制。确切地说,这些限制条件是 $\pi_{11}^{\bar{A}X}=\pi_{11}^{\bar{B}X}=\pi_{11}^{\bar{C}X}=\pi_{11}^{\bar{D}X}$ 和 $\pi_{12}^{\bar{A}X}=\pi_{12}^{\bar{B}X}=\pi_{12}^{\bar{C}X}=\pi_{12}^{\bar{D}X}$ 。于是,非限制性和限制性模型的自由度分别是 $16-9-1=6$ 和 $16-3-1=12$(注意这六个限制条件已经被施加于条件概率上,并且自由度的差异等于 6)。对于嵌套模型,可以先通过计算两个模型的拟合优度卡方统计量之差(在理论上,应该使用似然比卡方统计量 G^2),然后在自由度为两个自由度之差(或者等价的,等于施加的独立限制条件的数量)的条件下评估这一差异进行模型比较。

在卡方差异性检验中有几个特别要注意的事项。首先,差异性卡方检验并不适合于比较包含不同数量潜类别的模型(如,比较一个三类和一个四类模型),即使这些模型是嵌套的。做出这样的限制是因为技术上的原因,即:模型间的嵌套关系涉及限制参数边界值的上/下限——0/1(更多技术细节详见 Everitt & Hand, 1981)。以下例子可以帮助我们更好地理解这一问题。将一个非限制性四类模型转化为非限制性三类模型,可以通过两种等价的方式:(1)令 $\pi_4^X=0$(注意,这时候,$\hat{\pi}_{i4}^{\bar{A}X}$, $\hat{\pi}_{j4}^{\bar{B}X}$ 等是不相关的),或者(2)令 $\pi_{13}^{\bar{A}X}=\hat{\pi}_{14}^{\bar{A}X}$, $\pi_{13}^{\bar{B}X}=\hat{\pi}_{14}^{\bar{B}X}$, $\pi_{13}^{\bar{A}X}=\hat{\pi}_{14}^{\bar{A}X}$ 和 $\pi_{13}^{\bar{A}X}=\hat{\pi}_{14}^{\bar{A}X}$ 。第一个方法涉及一个限制条件,而第二个方法涉及四个限制条件,因此,差异性卡方统计量的自由度是模糊的。第二个要注意的事项是,在理论上,两个嵌套模型的差异性卡方统计量只有在非限制模型为正确模型的情况下服从适合的、理论上的卡方分布。违背这一假设的影响尚未被广泛深入地调查,因此,它的重要性尚不可知。正因为使用卡方差异性检验涉及这些技术性问题,我们建议通常情况下使用以下两类方法进行模型比较。

信息量准则

赤池信息量准则(简称 AIC,Akaike,1973,1987)是一个基于信息量理论概念的对模型拟合的测量。比较基于同一数据的两个或以上模型,如果均对这些模型在一个新的样本上进行交叉验证,那么似然率减小最小的模型就是 AIC 所倾向的模型。AIC 的一个重要特点是,所考虑的模型并不一定要是嵌套的,因此,比起卡方差异性检验,AIC 提供了一个更为一般化的决策步骤。

把 AIC 运用于一组竞争的潜类别模型有两种等价方式。赤池(Akaike)最初提出,AIC 是建立在基于,比方说,H 个不同的比较模型的数据的似然率对数之上的。如果 $P_h(\mathbf{Y}_s)$ 是基于第 h 个模型的最大似然估计的一个观测响应向量的概率,正如方程 2.2 中定义的那样,那么有

$$\log_e(L_h) = \sum_{s=1}^{2^r} n_s \times \log_e[P_h(\mathbf{Y}_s)],$$

$$\text{AIC}_h = -2\log_e(L_h) + 2m_h$$

[2.10a]

其中，m_h 是所估计的第 h 个模型的独立参数数量。赤池决策步骤意味着首选模型为 AIC 值最小的模型。另一个更易使用的替代性方法是基于似然比卡方统计量的。对于拟合相同数据的 H 个不同的潜类别模型，如在方程 2.8 中所定义的那样令 G_h^2 为卡方值，然后令 υ_h 为相应的自由度。于是，对第 h 个模型的一个替代性的 AIC 定义是

$$\text{AIC}_h^* = G_h^2 - 2\upsilon_h \qquad [2.10\text{b}]$$

可以看到 AIC 和 AIC* 仅有一个常数量的区别，这一常数量涉及样本量 N 和观测响应向量的数量 2^V，因此，基于选择最小 AIC_h 或 AIC_h^* 的决定几乎总是给出同一个首选模型。注意对于具有相似 $\log_e(L_h)$ 值的两个模型，较小的，也就是受青睐的 AIC 值是与基于更少参数的模型相联系的。因此，AIC 有时候被诠释为似然对数的惩罚版本，其中惩罚项 $2\upsilon_h$ 是为了避免过度参数化。

对 AIC 的一个批判是它缺乏渐近一致性（即，大样本），因为 AIC 的定义并不直接涉及样本量 N。Schwarz(1978)采用了贝叶斯的一个观点发展出一个具有渐近一致性的测量——贝叶斯信息量准则（Bayesian information criterion，简称 BIC）：

$$\text{BIC}_h = -2\log_e(L_h) + \log_e(N) \times m_h \qquad [2.11]$$

与 AIC 的例子一样，BIC 的替代性版本也可以用 G^2 计算（即 $\text{BIC}_h^* = G_h^2 - \log_e(N) \times \upsilon_h$）。BIC 的模型选择的步骤与 AIC 的一样。由于 $\log_e(8) = 2.08$，在样本量大于或等于 8 时，BIC 的惩罚项要大于 AIC。因此，比起 AIC，BIC 通常倾向于选择更为简单的模型（即具有较少参数的模型）。有关 AIC 和

BIC 的经验性调查结果（Lin & Dayton，1997）证明，在潜类别模型的背景下，研究者应使用 AIC，除非样本包含数千个个案，或估计的模型仅基于较少的参数，这个时候 BIC 更受青睐。然而，在其他背景下，比如说时间序列分析，模拟结果更倾向于 BIC（关于 AIC 和 BIC 的技术性的讨论，请参见 Kass & Raftery，1995）。通常这两个测量会选择同样或非常相近的模型，我们的策略是在应用中同时计算 AIC 和 BIC。

模型拟合指标

当拟合一个基于大样本量的模型时，假设检验倾向于拒绝模型，尽管从一个实质性的角度来说（如，从残差来说），模型的拟合程度的缺失对研究者而言并不一定不可接受。这一情况导致了不同的拟合指标的发展，在这一节中我们将描述其中的两个。[3]

对于一个拟合 V 个二分变量的潜类别模型，相异指数 I_D 被定义为所有观测和与期望频率之差的绝对值的总和与两倍样本总量的商（即方程 2.4），如下式

$$I_D = \frac{\sum_{s=1}^{2^r} |n_s - \hat{n}_s|}{2N} \qquad [2.12]$$

很明显，I_D 可能的最小值是 0，而它的上限小于 1 并且随着模型类型而变化。对于 I_D 的实际解释需要根据具体的应用领域而定，但一般的规则是，若 I_D 的值小于 0.05，则被看做偏小。

Rudas、Clogg & Lindsay（1994）提出了一个评估模型缺

乏拟合的指标,它所基于的概念是从观测频率表中删除一些个案以使得剩下的个案能够完美地拟合模型。这一指标 π^* 被定义为要达到完美模型拟合所需要删除的最小的个案比例。举个例子,让我们来考虑一下表 2.5 中的数据,假设我们的目标是要拟合一个独立模型。注意,如果从单元格 {00} 中移除一个个案,单元格 {11} 中移除另一个个案,那么剩下的频率(标记为"频率*")将会与独立假设完全一致(如,对于 $A=1$ 和 $A=2$ 来说,选择 B 的几率都是 2∶1)。因此,这一数据的 π^* 值是 2/47=0.043。 与相异指数一样,π^* 的解释必须根据某些实际情况而定。对真实数据来说,π^* 的计算有些复杂难懂,这是因为我们感兴趣的模型(如,一个两类潜类别模型)参数必须与 π^* 同时被估计。在下一节中,我们将展示计算潜类别模型的 π^* 的一个实际方法,这一方法通常可以使用微型电脑的电子表格程序实现(如,微软 Excel)。

表 2.5　为了演示 π^* 的假想数据

题目 {AB}	频 率	频 率*
{00}	11	10
{10}	5	5
{01}	20	20
{11}	11	10
合计	47	45

完全独立模型

通常,如果实际上没有证据可以证明所分析的观测变量之间的任何关系,那么就没有必要再进行下一步的潜类别分析。因此,作为所有分析的第一步,我们建议考察频率数据的完全独立模型。这一模型等价于使用显变量的边际比例来拟合预期频率的单类别"潜类别"模型。响应向量$\{i, j, k\}$的预期频率是$\hat{n}_s = N \times \hat{\pi}_i^A \times \hat{\pi}_j^B \times \hat{\pi}_k^C$，其中$\hat{\pi}_i^A$是在显变量$A$上显示出回答$i$的个案的比例，以此类推。对于二分类显变量，完全独立模型的卡方检验自由度总是$2^V - V - 1$（这一检验可以从 MLLSA 程序得出）。更一般的情况是，对于V个多分类显变量，完全独立性检验的自由度是$\prod_{v=1}^{V} K_v - \sum_{v=1}^{V} K_V + V - 1$，其中$K_v$是第$v$个显变量的层级数量。

标准误

如前面讨论的，MLLSA 和 LCAG 这两个微电脑程序被广泛应用于非限制性和限制性的潜类别分析。这些程序简单易用，但两者的不足是它们都不提供潜类别比例或条件概率的标准误估计。在这一部分中，我们将描述两种可以结合这两种程序的标准误的实证估计方法。对于 LEM 的用户，尽管该程序可以提供标准误的渐近估计，但是它们的精确性尚不可知，对于小样本来说更是如此。从而，这一节中所描述的步骤可以被用作一个检验。

在潜类别模型中标准误估计主要有两种用途。第一，标准误可以被用来构建置信区间令我们对参数估计值的稳定性有一些概念。例如，对于大样本，第一个潜类别比例的估计值的 90% 置信区间是$\hat{\pi}_1^X \pm 1.645\hat{\sigma}_e$，其中$\hat{\sigma}_e$是$\hat{\pi}_1^X$的标准误的估计。注意如果置信系数不是 0.90，那么乘数 1.645 也要换成标准正态分布上相应的值（如，对于 95% 置信区间，相应乘数为 1.96)。第二,通过使用所估计的标准误可以构建不同的显著性检验。特别是,对于任何给定参数的值,我们可以假设其等于 0,然后进行一个大样本 z 检验。例如,要检验假设 $H_0: \pi_{11}^{\overline{A}X} = 0$,$z$ 检验为 $z = \hat{\pi}_{11}^{\overline{A}X} / \hat{\sigma}_b$,其中 $\hat{\sigma}_b$ 是 $\hat{\pi}_{11}^{\overline{A}X}$ 的标准误估计。

(1) 刀切法(Jacknife)

刀切法是一种重复抽样方法,它基于的概念是,每一次忽略一个观测对象,然后再重新计算关注的统计量。假设,对于一个有 N 个观测对象的样本,基于整个样本计算得到的关注统计量的值为 W。如果第 i 个个案被忽略,那么基于剩下的 $N-1$ 个样本计算得到的关注统计量的值为 W_i,其中 $i = 1, \cdots, N$(注意,目前我们暂时用下标 i 来表示一个个案,而不是显变量 A 的一个层级)。那么对 W 的抽样方差的刀切法估计是 $N \times \sum_{i=1}^{N} (W_i - W)^2 / (N-1)$,而这一量的平方根则是 W 的标准误估计。注意,对于大数值 N,W 的抽样方差实质上是刀切法估计值的平方和 W_i。对于频率数据,从给定单元格(即,响应向量)中忽略任何一个特定的个案或忽略其他任意一个个案并没有区别。因此,统计量的刀切法计算每一次可以令一个单元格的频率 n_s 减去 1。于是在计算刀切法标准误的时候,从缩减的样本中计算所得的统计量 W_s 要用频率 n_s 加权。假设一共有 M 个单元格,那么基于频率数据时所得标准误的刀切法估计是

$$\text{SE}_J = \sqrt{\frac{N \times \sum_{s=1}^{M} \hat{n}_s (W_s - W)^2}{N-1}} \qquad [2.13]$$

为了用 MLLSA 等计算机程序来实施刀切法,我们需要建立

一系列分析,即,每一个分析都基于将单元格频率减去 1 所得。例如,假设有四个二分类变量,并且全部 16 个单元格频率 n_s 均为非零的,那么则需要建立 $M = 2^4 = 16$ 个分析。剩下的计算可以用电子表格来做。这个方法将在下一章展示。

(2) 参数自举法

另一个重复抽样的技术——参数自举法——实质上是一个模拟研究,其中潜类别比例和条件概率的样本值被看做是总体值。使用这些总体值可以得出一系列样本量为 N 的随机样本,然后基于这些样本计算出关注的统计量,而统计量的标准误则通过经验性分布的标准差来估计。一般来说,自举法需要一些特定的编程,但是对于那些知道矩阵语言 Gauss 的读者,我们已经把一些编码放到了网页上(//www. inform.umd.edu/EDUC/Depts/EDMS),这些编码可以用来模拟那些包含二分类因变量的非限制性两类模型。与刀切法一样,参数自举法技术将在下一章中展示。

想要了解更多关于像刀切法和自举法这类重复抽样技术的信息,我们推荐 Efron & Gong(1983)的文章和 Mooney & Duval(1993)的专著。请注意,在他们的文章中,有关从"参数最大似然分布"中抽样的描述与这里提及的参数自举法相同。

第 4 节 | 关于表示法

在本书中,有关潜类别分析采用的概率性的表示法(如,方程 2.1 和 2.2)是被 Goodman(1974)所推广的,并且在电脑程序 MLLSA(Clogg,1977)和 LCAG(Hagenaars & Luijkx,1987)的文档中被使用。另一个基于对数线性模型概念的替代性的表示法,是被 Haberman(1979)所引入的,并且被使用在另一些电脑程序如牛顿(NEWTON;Haberman,1988)和 LEM(Vermunt,1993)的文档中。在这一节,我们将会为那些对对数线性模型有所了解的读者总结这一表示法。

考虑三个显变量 A、B 和 C 的交互表。在单元格 $\{ijk\}$ 中,预期频率 $\hat{n}_{ijk}$ 对数的一个不包含潜变量的饱和对数线性模型是

$$\log_e(\hat{n}_{ijk}) = \lambda_0 + \lambda_i^A + \lambda_j^B + \lambda_k^C + \lambda_{ij}^{AB} + \lambda_{ik}^{AC} + \lambda_{jk}^{BC} + \lambda_{ijk}^{ABC}$$

[2.14]

其中 λ_0 是一个常数,λ_i^A、λ_j^B 和 λ_k^C 是对显变量的影响,λ_{ij}^{AB}、λ_{ik}^{AC} 和 λ_{jk}^{BC} 是变量间的一阶交互项,而 λ_{ijk}^{ABC} 是所有三个变量间的二阶交互项。与在方差分析中一样,所施加的限制为,令行、列上相加为 0。因此,对于二分类变量,$\sum_{i=1}^{2}\lambda_i^A = \sum_{j=1}^{2}\lambda_j^B = \sum_{k=1}^{2}\lambda_k^C = 0$;对于所有的 j,$\sum_{i=1}^{2}\lambda_{ij}^{AB} = 0$;对于

所有的 i，$\sum_{j=1}^{2} \lambda_{ij}^{AB} = 0$；以此类推。如果假设变量间相互独立，那么所有的交互项都等于 0，此时，对数线性模型简化为

$$\log_e(\hat{n}_{ijk}) = \lambda_0 + \lambda_i^A + \lambda_j^B + \lambda_k^C \qquad [2.15]$$

对于潜类别模型来说，当潜变量 X 被引入的时候，其背后的假设是几个显变量之间是（条件）独立的。因此，关于单元格 $\{ijkt\}$ 的（未观测到的）预期值的对数线性模型变为

$$\log_e(\hat{n}_{ijkt}) = \lambda_0 + \lambda_i^A + \lambda_j^B + \lambda_k^C + \lambda_t^X + \lambda_{it}^{AX} + \lambda_{jt}^{BX} + \lambda_{kt}^{CX}$$

$$[2.16]$$

注意，这一模型包含一个对潜变量 X 的影响，以及 X 与显变量 A、B 和 C 之间的一阶交互项，但是其他所有的交互项都被假定为 0。令这些交互项等于 0 等价于假设局部独立。方程 2.16 中的潜变量对数线性模型是对未被观测到且"完整的"数据表的预期频率进行估计，其中该数据表包含观测变量 A、B 和 C 以及潜变量 X。这一潜变量对数线性模型的参数估计可以通过程序 LEM 等获得（尽管常数项 λ_0 并没有包含在输出中，而且估计值被叫做"beta"）。给定方程 2.16 中 λ 项的估计值，我们可以将这些估计值转化为方程 2.2 中对应的潜类别比例和条件概率，程序 LEM 可以同时给出这两组值。从预期频率对数到概率的转化在形式上是 logistic 的，例如：

$$\pi_1^X = \frac{\exp(2\lambda_1^X)}{1 + \exp(2\lambda_1^X)}$$

$$\pi_{11}^{\bar{A}X} = \frac{\exp(2\lambda_1^A + 2\lambda_{11}^{AX})}{1 + \exp(2\lambda_1^A + 2\lambda_{11}^{AX})}$$

$$\pi_{12}^{\bar{A}X} = \frac{\exp(2\lambda_1^A - 2\lambda_{11}^{AX})}{1 + \exp(2\lambda_1^A - 2\lambda_{11}^{AX})}$$

第 **3** 章

极端类型模型

第 1 节 | 饱和模型

一个相对简单但是很有用的尺度模型仅包含两个潜类别。想要成为尺度模型,我们需要对显变量的条件概率排序以使得某一类别在某种意义上可以被诠释为比另一组更高或更极端(如,$\pi_{11}^{\overline{A}X} > \pi_{12}^{\overline{A}X}$,$\pi_{11}^{\overline{B}X} > \pi_{12}^{\overline{B}X}$,以此类推)。极端类型模型,简单来说,就是相较于其他类别,所估计的条件概率在某一个类别中都相对较大(比方说 0.8 或以上)而在另一个潜类别中都相对较小(比方说 0.2 或以下)。在实践中,"极端"的定义可以相对宽松,特别是对一些相对少见的行为变量。尽管一些程序如 MLLSA、LCAG 和 LEM 目前并不允许前面提到的具体的排序关系,然而在实践中,正如将在第 3 章第 2 节讨论的舞弊数据的例子,这通常不是问题。

对于 V 个二分类变量,观测数据包括 2^V 个响应向量的频率。当 $V = 3$,$2^3 = 8$,一个非限制性两类别模型往往可以完美地拟合数据,从而没有自由度来评估模型拟合,这是因为它有一个潜类别比例和六个条件概率必须要被估计(注意只有两个显变量的非限制性模型的参数不能被估计)。提供完美拟合的模型被叫作饱和模型。因此,在实际应用中,想要拟合极端类型模型,最好有四个或以上的显变量。

医疗诊断中的应用

尽管饱和模型总是对数据提供完美的拟合,但对这类模型参数的估计和诠释常常很重要。Walter & Irwig(1988)举了有关医疗诊断领域一个很有意思的例子。表 3.1 中所总结的频率是关于三个医疗人员的,分别标记为 A、B 和 C。在判读 X 光片方面,他们都很有经验,例中他们为 1 692 个工作在石棉矿山和制造厂的男性判读胸部 X 光片。诊断的类别是存在(即 1)或不存在(即 0)肺组织的增厚症状(所谓的胸膜增厚)。在考虑潜类别分析之前,我们发现完全独立模型对这些数据提供了较差的拟合(G^2 值为 429.136,自由度为 4,$p < 0.001$)。

表 3.1　胸膜增厚数据的频率

X 射线判读者{ABC}	频率	X 射线判读者{ABC}	频率
{000}	1 513	{101}	19
{100}	21	{011}	12
{010}	59	{111}	34
{110}	11	合计	$\overline{1\ 692}$
{001}	23		

一种特殊情况是,假设存在三个变量两个潜类别,响应向量 y_s 的非限制性潜类别模型可以被写作,

$$P(\mathbf{y}_s) = \pi_1^X \times \pi_{i1}^{\overline{A}X} \times \pi_{j1}^{\overline{B}X} \times \pi_{k1}^{\overline{C}X} + \pi_2^X \times \pi_{i2}^{\overline{A}X} \times \pi_{j2}^{\overline{B}X} \times \pi_{k2}^{\overline{C}X}$$

$$[3.1]$$

注意在这个例子中,变量 A、B 和 C 分别与三个 X 光片判读者相对应,而潜类别在理论上代表着疾病组(即对于那些男性,X 光片结果支持或不支持有胸膜增厚症状)。对于这些

情况,我们并没有用于比较的真实统计诊断或"黄金标准"。因此,模型中的条件概率只能被简单地解释为"正确"和"错误"诊断的比例。

二分类模型的参数通过 Clogg 的程序即 MLLSA 进行估计,其结果可见于表格 3.2 中的模型 I。值得注意的是,对于第一个潜类别,其中有 5% 的 X 光片结果在阳性诊断上总是具有较高的估计概率,因此,可以被看做代表疾病组。对于两类模型,对每一个变量(在这里,即 X 光片判读者),一个有用的比较统计量是第一个潜类别的比值比。例如,对于第一个判读者,比值比为

$$\frac{\hat{\pi}_{11}^{\bar{A}X}/(1-\hat{\pi}_{11}^{\bar{A}X})}{(1-\hat{\pi}_{12}^{\bar{A}X})/\hat{\pi}_{12}^{\bar{A}X}}=\frac{\hat{\pi}_{11}^{\bar{A}X}\times(1-\hat{\pi}_{12}^{\bar{A}X})}{(1-\hat{\pi}_{11}^{\bar{A}X})\times\hat{\pi}_{12}^{\bar{A}X}}=\frac{0.749\times(1-0.010)}{(1-0.749)\times0.010}$$

$$=295.42$$

对于判读者 B 和 C,相应的比值比分别为 49.66 和 292.68。比值比较大说明生病和没生病这两个类别的辨识度高。

第一个潜类别的条件概率的对立面代表了估计的"错误阴性诊断"率(例如,对于判读者 A,错误阴性诊断率为 $1-\hat{\pi}_{11}^{\bar{A}X}=\hat{\pi}_{01}^{\bar{A}X}=1-0.749=0.251$)。我们注意到判读者 B 貌似与其他两个判读者有些不一致。第二个潜类别的条件概率($\hat{\pi}_{12}^{\bar{A}X}$ 等)代表三个 X 光片判读者估计的"错误阳性诊断"率。我们再一次注意到,第二个判读者貌似与其他两个判读者有所不同。后面我们会再来考虑这个问题。

总的来说,潜类别模型与通过 X 光片结果验证是否有胸膜增厚的概念一致。对于判读者 A 和 C 来说错误阳性诊断和错误阴性诊断的比例比较一致,判读者 B 看上去却有点异常。通过考虑多个不同的限制性潜类别模型,我们可以更详

细地探索判读者之间的一致性。表 3.2 总结了另外四个模型。注意在这全部五个模型中，两潜类别的估计比例都非常接近。在模型 II 中，我们限制错误阳性诊断率和错误阴性诊断率都在各个判读者之间相等，由此而得的模型假定判读者间具有同质性，具体的限制条件是 $\pi_{11}^{\overline{A}X} = \pi_{11}^{\overline{B}X} = \pi_{11}^{\overline{C}X}$ 和 $\pi_{12}^{\overline{A}X} = \pi_{12}^{\overline{B}X} = \pi_{12}^{\overline{C}X}$。这个具有 4 个自由度的模型对数据的拟合很不好，因为这些限制条件实际上将六个条件概率减少到两个同质性的值。在模型 III 中，我们将其同质性限制条件放宽从而允许判读者 B 有独特的条件概率，因此模型 III 对数据的拟合程度很好。这个模型的自由度是 2，所施加的限制条件为：$\pi_{11}^{\overline{A}X} = \pi_{11}^{\overline{C}X}$ 和 $\pi_{12}^{\overline{A}X} = \pi_{12}^{\overline{C}X}$。对于模型 IV 和 V，同质性分别施加在第一或第二个潜类别上。模型 IV 对数据的拟合并不好，但是模型 V 却可以较好地拟合数据，它有 3 个自由度，限制条件为：$\pi_{11}^{\overline{A}X} = \pi_{11}^{\overline{B}X} = \pi_{11}^{\overline{C}X}$ 和 $\pi_{12}^{\overline{A}X} = \pi_{12}^{\overline{C}X}$。

表 3.2　拟合胸膜增厚数据的模型

	模　　型	LC1	LC2	CP1	CP2
I	无限制条件	0.055	0.945	0.749, 0.643, 0.765	0.010, 0.035, 0.011
II	同质化	0.055	0.945	0.716, 0.716, 0.716	0.019, 0.019, 0.019
III	判读者 B, Het	0.055	0.946	0.757, 0.643, 0.757	0.010, 0.035, 0.010
IV	判读者 B, FN	0.053	0.947	0.737, 0.705, 0.737	0.019, 0.019, 0.019
V	判读者 B, FP	0.055	0.945	0.713, 0.713, 0.713	0.011, 0.034, 0.011

	模　　型	G^2	DF	Prob.	AIC^*	BIC^*	I_0
I	无限制条件	0.000	0	n/a	0	0	0
II	同质化	27.411	4	0.000	19.411	−2.324	0.018
III	判读者 B, Het	0.134	2	0.935	−3.866	−14.733	0.001
IV	判读者 B, FN	27.251	3	0.000	21.251	4.950	0.017
V	判读者 B, FP	2.987	3	0.394	−3.013	−19.314	0.004

注：Het 表示异质性；FN 表示错误的阴性诊断；FP 表示错误的阳性诊断；n/a表示不适用。

从 G^2 值来看，模型 III 和模型 V 是胸膜增厚数据合理的选择。这两个模型从某种意义上说是嵌套的，因为模型 V 是模型 III 的一个限制性形式，并且这些限制条件涉及条件概率的相等性，但是不涉及限定任何参数为一个边界值，因此这两个模型可以用卡方差异性检验来进行比较。这一差异等于 $2.987 - 0.134 = 2.854$，自由度为 $3 - 2 = 1 (p = 0.108)$。这个值在常规水平上并不显著，说明相较于模型 III，更简化的模型 V 的拟合程度并没有显著地变差。注意，这一结果与应用最小 BIC* 值策略的结果是一致的，但是与应用最小 AIC* 值策略的结果不一样。对于第一个潜类别，其潜类别比例估计和条件概率估计在两个模型中都很接近。在实际研究背景下，对二者的选择可能并没有很大的差别，或者可能存在一些实质性的考虑使我们更倾向于其中之一。

第 2 节 ｜ **舞弊数据的例子**

　　为了介绍和展示关于模型选择的另外一些表示法，我们接下来考察一个关于低年级和高年级本科生调查的数据，这个数据包括十个有关学术舞弊的二分类（是/否）问题（Dayton & Scheers，1997）。其中的四个问题关注的是态度而不是行为，因此在这里不加以考虑。还有一个问题是关于是否为了改分进行贿赂，只有五个学生回答了这个问题，因此也被排除在分析之外。剩下的五个问题问到学生在他们的本科学习中是否

　　　　　曾经撒谎以逃避考试
　　　　　曾经撒谎以逃避按时上交期末论文
　　　　　曾经出钱买一篇期末论文并当成他们自己的上交
　　　　　曾经在考试之前获得题目的复本
　　　　　曾经在考试过程中抄袭旁边同学的答案

我们对来自四所高校的至少读完一年级的学生进行随机抽样，并通过邮件对其进行调查。样本中总共包括 319 个受访者，其中参与这五种行为的比例分别是 0.11、0.12、0.03、0.04 和 0.21。第三个和第四个问题代表了相对比较严重的舞

弊行为,分别只有 10 个和 13 个学生给出了肯定的回答。因此,出于分析的目的,我们将这两个问题合并为一个问题,并将其标记为 C,如果对第三个或第四个题目给出"是"的回答,那么得分为 1。题目 C 肯定回答的比例为 0.07。在接下来的分析中,头两个舞弊题目分别被标记为 A 和 B,而第五个题目被标记为 D(表 3.4 展示了响应向量的频率)。

在讨论其他问题以前,我们需要考虑对这个舞弊数据是否有必要拟合一个潜类别模型。根据问题的回答,首先假设完全独立模型可以拟合数据,然后用相应的比例做一个初步的检验。这个模型的 G^2 值为 62.586,自由度为 11,说明模型拟合度很差($p < 0.001$),因此我们需要更复杂的模型。

之前的研究证明可能存在一组学生,他们相对来讲属于惯性的舞弊者。这一个群体与其他学生有区别,我们称其他那些学生为非舞弊者,尽管他们偶尔也会舞弊,但是做出这一行为的比例比惯性舞弊者要低很多。基于这一概念,我们考虑拟合一个两类别潜类别模型的形式,

$$P(\mathbf{y}_s) = \pi_1^X \times \pi_{i1}^{\overline{A}X} \times \pi_{j1}^{\overline{B}X} \times \pi_{k1}^{\overline{C}X} \times \pi_{l1}^{\overline{D}X} + \pi_2^X$$
$$\times \pi_{i2}^{\overline{A}X} \times \pi_{j2}^{\overline{B}X} \times \pi_{k2}^{\overline{C}X} \times \pi_{l2}^{\overline{D}X} \qquad [3.2]$$

其中,回答 $i = j = k = l = 1$ 代表对舞弊问题回答为"是",回答 $i = j = k = l = 0$ 代表对舞弊问题回答为"否"。如果假设第一个类别为惯性舞弊者,那么我们的预期是,对于每一个调查问题,这一类别的成员都更有可能回答"是"。因此,如果我们假设这些问题的条件概率满足以下不等式: $\pi_{11}^{\overline{A}X} > \pi_{12}^{\overline{A}X}$,$\pi_{11}^{\overline{B}X} > \pi_{12}^{\overline{B}X}$,$\pi_{11}^{\overline{C}X} > \pi_{12}^{\overline{C}X}$,和 $\pi_{11}^{\overline{D}X} > \pi_{12}^{\overline{D}X}$,那么,$\pi_1^X$ 则代表惯性舞弊者的比例。出于方便,我们的分析策略是在不考虑不等

式限制的情况下拟合模型,因为潜类别程序如 MLLSA、LCAG 和 LEM 目前并不允许施加不等式限制。[4]

表 3.3 总结了由 Clogg 的 MLLSA 程序得出的两类别模型的参数估计值。标记为"CP"的那一列为条件概率的估计值,潜类别概率在最底部;标记为"SE(J)"、"SE(B)"和"SE(N)"的各列分别为三个不同的标准误的估计值,后面会详细解释。根据模型估计结果,第一个潜类别包含 16% 的受访者,它似乎与惯性舞弊者的定义相吻合,因为这个类别中所有对应于回答"是"的条件概率比第二个类别要大很多。并且倾向于第一个类别的比例比的范围从题目 D 的 2.720 一直到题目 A 的 79.525。该模型拟合优度统计量 G^2 值为 7.764,自由度为 $16-9-1=6$,说明模型对数据的拟合度是可接受的($p=0.256$),相应的皮尔森统计量稍大($X^2=8.329$,$p=0.215$),而 Read 和 Cressie 的 I^2 统计量的值位于中间($I^2=8.099$,$p=0.231$)。从表 3.4 的题目中,我们可以直接计算出相异指数,$I_D=0.032$,结果同样支持假设——两类别模型能够很好地满足这个舞弊数据。

虽然两类别模型的拟合度较为令人满意,但仍可能存在一个更复杂的模型其拟合程度更好。因此,就舞弊数据,我们进一步拟合了一个非限制性的三类别模型,所对应的 G^2 值为 $0.181(p=0.913)$,结果表明模型拟合程度也很好。一般情况下,自由度应该是 $16-14-1=1$,但是三类别模型的自由度计算要复杂一些。对渐近协方差矩阵的秩(在 MLLSA 中报告)的调查显示,由于参数中存在冗余,该模型正确的自由度应该是 2(注意这适用于所有拟合四个二分类响应变量的三类别模型)。虽然两类和三类模型是嵌套的,由于第 2 章所提

表 3.3 对舞弊数据的两类别解决方法

题目	问　　题	类　别　1					类　别　2				比值比
		CP	SE(J)	SE(B)	SE(N)	CP	SE(J)	SE(B)	SE(N)	
A	曾经撒谎以逃避考试	0.579	0.198	0.170	0.181	0.017	0.030	0.019	0.030	79.525
B	曾经撒谎以逃避按时上交期末论文	0.591	0.189	0.155	0.176	0.030	0.033	0.024	0.032	46.721
C	曾经出钱买一篇期末论文并当成他们自己的上交或者曾经在考试之前获得题目的复本	0.217	0.091	0.080	0.085	0.037	0.016	0.014	0.014	7.213
D	曾经在考试过程中抄袭旁边同学的答案	0.377	0.113	0.097	0.097	0.182	0.027	0.025	0.026	2.720
	潜类别比例	0.160	0.084	0.052	0.077	0.840	0.084	0.052	0.077	

到的技术原因，他们不能用 G^2 值来比较不同。然而，模型对应的 AIC* 统计量分别是 $7.764 - 2(6) = -4.236$ 和 $0.181 - 2(2) = -3.819$，根据最小 AIC* 策略，我们倾向于选择两类别模型。用最小 BIC* 策略也可以得出同样的结论（对应 BIC 统计量的值分别是 -26.827 和 -11.349）。

表 3.4 总结了两类别模型的预期频率，我们注意到，一般来说，那些观测频率较高的单元格都被模型拟合得较好。为了说明确实存在这种差异，我们又展示了额外两列。其中，"X^2"列的内容是皮尔森卡方统计量的组成部分，$(n_s - \hat{n}_s)^2 / \hat{n}_s$；"$Per(X^2)$"列的内容是这些组成部分占总的皮尔森卡方的比例（注意 X^2 列和是 8.335 而不是前面报告的 8.329 6；这一差

表 3.4 拟合学术舞弊数据的两类别模型

$\langle ABCD \rangle$	Freq.	Exp. Freq.	X^2	$Per(X^2)$
$\{0000\}$	207	205.71	0.008	0.001
$\{1000\}$	10	9.35	0.045	0.005
$\{0100\}$	13	12.31	0.039	0.005
$\{1100\}$	11	8.60	0.670	0.080
$\{0010\}$	7	8.96	0.429	0.051
$\{1010\}$	1	1.76	0.328	0.039
$\{0110\}$	1	1.95	0.463	0.056
$\{1110\}$	1	2.35	0.776	0.093
$\{0001\}$	46	47.42	0.043	0.005
$\{1001\}$	3	4.33	0.409	0.049
$\{0101\}$	4	5.11	0.241	0.029
$\{1101\}$	4	5.17	0.265	0.032
$\{0011\}$	5	2.45	2.654	0.318
$\{1011\}$	2	1.01	0.970	0.116
$\{0111\}$	2	1.09	0.760	0.091
$\{1111\}$	2	1.42	0.237	0.028
合计	319	318.99	8.335	

别是由于 MLLSA 输出预期频率的时候只保留小数点后两位的舍入误差而致）。再一次地，我们注意到高观测频率单元格在统计估计上具有良好的一致性。另外，有接近三分之一的皮尔森卡方来自低估了那些对问题 C 和 D 都回答"是"的频率。当我们的模型可以很好拟合数据的时候，这些诊断并不能提供额外的帮助。但是在某些情况下，对这些构成部分的检验可以帮助我们找到拟合得更好的模型。

第 3 节 | 估计测量拟合的 π^* 方法

虽然前述的潜类别估计值和统计值可以直接或间接地用 MLLSA 这类程序来计算,但是计算 Rudas, Clogg & Lindsay(1994)的模型拟合指标 π^* 需要用到特殊的程序,MIXIT——由 Rudas 和 Clogg 开发的程序,可以对常规的双向列联表计算 π^*,但是却不适用于以潜类别分析为代表的混合模型。我们计算 π^* 的方法基于 Xi(1994)所展示的非线性编程算法的一般规则,并且可以应用于类似微软 Excel 这样的电子表格程序。具体计算步骤在以下网站中有详细描述://www. inform. umd. edu/EDUC/Depts/EDMS。这一步骤涉及生成一组表示为 $\tilde{n}_s$ 的特殊的预期频率。对于学术舞弊数据,通过 Excel 电子表格计算得到的 π^* 可见表 3.5。其中,标记为"预期值"的那列包含 $\tilde{n}_s$ 值,而标记为 *E1* 和 *E2* 的那两列是网站上所解释的中间计算步骤。这里,$S = \sum_{s=1}^{2^4} \tilde{n}_s = 310.01$ 被最大化,由此得到,$\pi^* = 1 - 310.01/319 = 0.028$。对 π^* 的诠释是,当适当的 2.8% 的个案被移除后,响应向量的频率可以完美地代表一个两类模型。经验法则是,π^* 的值小于 0.10 表示所得模型拟合合理。注意预期频率 $\tilde{n}_s$ 并不是整数值,但是如果希望获得整数值,非线性优化步骤通常都允许方法的整数限制,尽管在实践中可能很难做到在整数值上收敛。

表 3.5　对学术舞弊数据的两类 π^* 模型拟合

题目 $\langle ABCD \rangle$	频率	E1	E2	预期值	
$\{0000\}$	207	202.999	4.001	207.000	
$\{1000\}$	10	4.469	5.531	10.000	
$\{0100\}$	13	5.124	7.876	13.000	
$\{1100\}$	11	0.113	10.887	11.000	
$\{0010\}$	7	6.634	0.366	7.000	
$\{1010\}$	1	0.146	0.506	0.652	
$\{0110\}$	1	0.167	0.721	0.888	
$\{1110\}$	1	0.004	0.996	1.000	
$\{0001\}$	46	44.539	1.461	46.000	
$\{1001\}$	3	0.981	2.019	3.000	
$\{0101\}$	4	1.124	2.876	4.000	
$\{1101\}$	4	0.025	3.975	4.000	
$\{0011\}$	5	1.456	0.134	1.589	
$\{1011\}$	2	0.032	0.185	0.217	
$\{0111\}$	2	0.037	0.263	0.300	
$\{1111\}$	2	0.001	0.364	0.365	
合计	319	267.850	42.161	310.011	$=S$
				0.028	$=\pi^*$

第 4 节 ｜ 估计标准误

对于舞弊数据，惯性舞弊者的比例估计 $\hat{\pi}_1^X$ 等于 0.160。然而，类似 MLLSA 或 LCAG 的潜类别分析程序并不提供对标准误的估计，因此也就不能对估计值或不同舞弊问题的条件概率构建置信区间。为了弥补这方面的不足，我们可以使用刀切法和／或自举法对标准误进行估计。表 3.3 中总结了这两类估计［分别是标记为"SE(J)"和"SE(B)"的两列］。为了使用刀切法，我们对舞弊数据使用了总共 16 个前面章节描述的 MLLSA 分析。表 3.6 总结了如何用电子表格计算潜类别比例 $\hat{\pi}_1^X = 0.160$ 的标准误。其中，标记为"ThJ"的一列包含一组 16 个 MLLSA 分析的估计值，而剩下的几列是方程 2.11 中计算的构成项。另外，通过使用在网站（//www.inform.umd.edu/EDUC/Depts/EDMS）上展示的 Gauss 程序，生成了 500 个基于表 3.3 的参数估计值的自举样本。由 Gauss 程序得出的摘要输出请见表 3.7。

注意，由刀切法所得到的标准误估计值要大于由自举法所得到的，尽管这一区别仅对于 $\hat{\pi}_1^X$ 比较明显，它的刀切法标准误为 0.084，而自举法标准误为 0.052。一些证据表明刀切法估计值有时会偏大，但是一般来说，对于相对较大的样本，在潜类别分析背景下的刀切法和自举法标准误估计的精确

表 3.6　对学术舞弊数据的两类模型拟合

题目{ABCD}	频率	ThJ	$F*ThJ$	$F*Dev^2$	
{0000}	207	0.160	33.110	0.000 0	
{1000}	10	0.163	1.629	0.000 1	
{0100}	13	0.163	2.117	0.000 1	
{1100}	11	0.150	1.646	0.001 1	
{0010}	7	0.164	1.147	0.000 1	
{1010}	1	0.140	0.140	0.000 4	
{0110}	1	0.140	0.140	0.000 4	
{1110}	1	0.169	0.169	0.000 1	
{0001}	46	0.161	7.392	0.000 0	
{1001}	3	0.149	0.446	0.000 4	
{0101}	4	0.150	0.599	0.000 4	
{1101}	4	0.165	0.661	0.000 1	
{0011}	5	0.156	0.779	0.000 1	
{1011}	2	0.144	0.289	0.000 5	
{0111}	2	0.143	0.286	0.000 6	
{1111}	2	0.196	0.392	0.002 7	
合计	319		0.160	0.007 1	=VAR(J)
				0.084 2	=SE(J)

表 3.7　舞弊数据的参数自举法标准误估计

```
(gauss)run c:\gauss\sim\siml.gss
step   1.000 000 0
step   2.000 000 0
...
step   499.000 00
step   500.000 00


  1.000 000 0＝hours
  4.000 000 0＝minutes
  4.000 000 0＝second
 18.000 000＝hundredth/second


Did not coverge   24.000 000 times
Mean LC proportions：
 0.152 481   0.847 519
```

Mean conditional probabilities:

LC1: 0.631 627　0.631 301　0.241 568　0.393 185

LC2: 0.019 135　0.031 992　0.036 917　0.184 064

Standard errors for LC proportions:

0.051 890 943　0.051 890 943

Standard errors for conditional probabilities:

LC1: 0.169 996　0.154 758　0.080 174　0.096 863

LC2: 0.019 088　0.023 725　0.014 110　0.025 112

性并没有太大的区别（Bolesta，1998）。出于比较的目的，表 3.3 还包括了第三组标准误估计，标记为"SE(N)"。这些估计值由使用牛顿估计步骤的 LEM 程序得出。请注意，在这个例子中，牛顿估计值的大小介于刀切法和自举法步骤之间，但是并不总是接近于其中的某一组估计值。

根据潜类别比例的自举法标准误估计，我们可以得到 $\hat{\pi}_1^X = 0.16$ 的 90% 的置信区间{0.07，0.25}。这个区间相当大，说明基于这 319 个学生的样本，我们对惯性舞弊者比例的估计并不精确。一般来说，潜类别比例的抽样变异度要比通过简单随机抽样（SRS）估计的大。例如，基于 319 个个案的 SRS 所估计的比例为 0.160，标准误为 $\sqrt{(0.160 \times 0.840)/318} = 0.021$。而通过参数自举估计所得标准误为 0.052，几乎是 SRS 估计值的 2.5 倍。

第 5 节 ▎ 受访者分类

利用贝叶斯定理,方程 2.3 可以计算出每一个响应向量和潜类别的后验概率。基于这些结果,每个个案都可以被归类为代表或是不代表第一个潜类别(即惯性舞弊者)。对每一个响应向量,MLLSA 程序都在标记为"Modal P ="的一列中显示出最大的(在这里是相对较大的)后验概率 $\max[P(t\,|\,\mathbf{y}_s)]$,在标记为"Class =."的一列中显示出贝叶斯分类。然而,为了阐述得到这些结果的过程,表 3.8 展示了惯性舞弊潜类别的成员身份的具体计算,以及后验概率。注意,除了{0000}、{0010}、{0001}和{0011}的其他所有的响应向量都被划归为惯性舞弊者。因此,非舞弊者是那些对前两个问题都回答"否"的人。如果有人考虑用一个基于对舞弊问题回答"是"的数量得分来进行判断,那么得到 1 分或 2 分的人的类别就比较模糊,因为这些响应向量所指向的并不是一致的分类(即向量{1000}被归类为惯性舞弊者,而向量{0010}却不是)。

从分类结果中可以派生出各种不同的描述性测量。Clogg 的程序 MLLSA 报告了"被正确划分的比例",该比例代表对各个响应向量 $P(\mathbf{y}_s\,|\,t)\times\hat{\pi}_t^X$ 的构成部分的合计。但是在计算过程中,只有那些与分类决定一致的构成部分会被包括在内,即:当 $\mathbf{y}_s$ 被归为第一个潜类别的时候,合计中所包

括的元素为 $P(\mathbf{y}_s \mid t=1) \times \hat{\pi}_1^X$；当 y_s 被归为第二个潜类别的时候，合计中则包含元素 $P(\mathbf{y}_s \mid t=2) \times \hat{\pi}_2^X$（注意，该方法与第 2 章方程 2.4 等价，区别在于方程 2.4 计算的是数量 P_c 而非比例）。对于舞弊数据，这一个统计量等于 93.4%，其可以被理解为对于整个总体而言的正确分类的比例估计。然而，这个看似很大的成功率实际上并不大，因为第二个潜类别的比例估计约为总体的 84%。因此，就算简单地把每一个人都归为非舞弊者（即第二个潜类别）我们依然会有 84% 的成功率。为了修正这一点，我们推荐使用 λ 统计量。对舞弊数据来说，$\lambda = (0.934-0.840)/(1-0.840) = 0.588$，它可以被解释为，使用贝叶斯定理所得到的分类成功率要比仅基于较大潜类别比例所得的分类成功率高 59%。

表 3.8　学术舞弊数据的贝叶斯分类

题目 {ABCD}	频率	$P(y \mid t=1)^* \pi_1^X$	$P(y \mid t=2)^* \pi_2^X$	估计类别	$P(t=1 \mid y)$	比值
{0000}	207	0.013	0.631	2	0.021	0.021
{1000}	10	0.018	0.011	1	0.629	1.698
{0100}	13	0.019	0.019	1	0.502	1.010
{1100}	11	0.027	0.000	1	0.988	80.704
{0010}	7	0.004	0.024	2	0.132	0.152
{1010}	1	0.005	0.000	1	0.924	12.161
{0110}	1	0.005	0.001	1	0.879	7.232
{1110}	1	0.007	0.000	1	0.998	577.856
{0001}	46	0.008	0.141	2	0.055	0.058
{1001}	3	0.011	0.002	1	0.822	4.621
{0101}	4	0.012	0.004	1	0.733	2.748
{1101}	4	0.016	0.000	1	0.995	219.592
{0011}	5	0.002	0.005	2	0.293	0.414
{1011}	2	0.003	0.000	1	0.971	33.089
{0111}	2	0.003	0.000	1	0.952	19.677
{1111}	2	0.004	0.000	1	0.999	1 572.317
合计	319	0.160	0.840			

第 6 节 | 验证

　　实际研究中常常存在有关受访者的一些其他信息可以用来帮助我们评估潜类别结构的构建效度。就舞弊数据这个例子来说,319 个学生中有 315 个分别被分入自报学分绩点(GPA)的五个顺序类别(5 代表最高的 GPA)。我们有理由预期惯性舞弊者更多地存在于 GPA 较低的类别。调查这一关系的一个方法是看 GPA 类别和表 3.8 中的贝叶斯分类的交互表,如表 3.9 中所展示的一样。标记为"比值"的那一列代表每一个 GPA 类别中倾向于非舞弊者类别的比值。我们注意到非舞弊者类别的几率随着 GPA 类别从低到高显著上升。从另一个角度看,约有 50％被识别为惯性舞弊者的学生(即 54 个中的 26 个)来自最低 GPA 类别,而相应比例在最高

表 3.9　对学术舞弊数据的验证

GPA	频　率		比　例			比　值
	类别 1	类别 2	合计	类别 1	类别 2	
1	26	74	100	0.481	0.284	2.846
2	18	86	104	0.333	0.330	4.778
3	6	42	48	0.111	0.161	7.000
4	2	32	34	0.037	0.123	16.000
5	2	27	29	0.037	0.103	13.500
合计	54	261	315	0.999	1.001	4.833

的两个 GPA 类别中总共才有 7.4％；而对于非舞弊者来说，这一比例分别为 28.4％ 和 22.6％。一个更复杂的验证方法是对属于每一个潜类别的个案比例和与类似 GPA 的其他一个或多个变量关系进行建模。就该伴随变量方法，我们在第 7 章中会继续利用学术舞弊数据来展示和说明。

第 7 节｜混合二项式模型

在极端类型模型中，每一个变量在对每一个潜类别的肯定回答上都有一个独特的条件概率，并且各个响应向量的频率代表了模型拟合所要求的统计量。然而，如果变量的个数较多而样本量较小，那么估计极端类型模型的参数所需的信息就会不够。因此，我们需要考虑一些不需要用响应向量频率来估计参数的限制性模型。其中一类相对较简单的模型就是混合二项式步骤。根据方程 3.2 的定义，这一模型可以作为限制性极端类型模型的派生模型。就其本质，我们假设对于肯定回答，给定潜类别上的所有变量都有着相同的条件概率（对于消极回答也是如此）。就四个变量来说，合适的限制条件是：$\pi_{11}^{\bar{A}X} = \pi_{11}^{\bar{B}X} = \pi_{11}^{\bar{C}X} = \pi_{11}^{\bar{D}X} \equiv \pi_{11}^{X}$ 和 $\pi_{12}^{\bar{A}X} = \pi_{12}^{\bar{B}X} = \pi_{12}^{\bar{C}X} = \pi_{12}^{\bar{D}X} \equiv \pi_{12}^{X}$，其中 π_{11}^{X} 和 π_{12}^{X} 分别是第一个和第二个潜类别对应的二项式率参数（binomial rate parameters）。注意，对于这一模型，不管涉及多少个变量，总是只有三个参数需要估计——潜类别的比例 π_{1}^{X} 和两个条件概率：π_{11}^{X} 和 π_{12}^{X}。对于这样一个简单的混合二项式模型，估计参数所需的唯一信息就是一组得分的频率，这些分数分别代表着在各个变量上回答为 1 的个数。例如，如果有五个显变量，那么所需的数据就是得分 0、1、2、3、4 和 5 的频率。在大多数情况下，假设所有变量在肯定回答上都有着相同的响应率是不现实的。然而,我们可以把二项式参数 π_{11}^X 和 π_{12}^X 看作是代表潜类别中所有变量的平均比率。

我们接下来考虑一组简单数据,这组数据由于样本量限制而不可能拟合复杂模型。在表 3.10 中,标记为"分数"的一列代表着正确回答的个数,与其相对应的还有频率和观测比例,这些都来自我每个春季学期教授的多元统计分析课上学生的测验结果。我习惯在课程的早期阶段教授矩阵代数的基本元素,之后再用一个十道题目的测验检验学生对该内容的掌握。尽管每年的具体测验题目都有所不同,所抽取题目的内容却基本一致。表格中的频率来自十年间 247 个学生的统计结果(令人欣慰的是在这期间没有学生得分为 0)。如果 X_s 代表测验的分数,F_s 代表相应的频率,那么正确回答题目的平

表 3.10　对测验数据的二项式分布拟合

分　数	频　率	观测比例	预 期 比 例	
			一个二项式	两个二项式
0	0	0.000	0.000	0.000
1	2	0.008	0.000	0.002
2	4	0.016	0.001	0.011
3	5	0.020	0.007	0.034
4	17	0.069	0.030	0.071
5	24	0.097	0.090	0.104
6	37	0.150	0.187	0.126
7	32	0.130	0.266	0.155
8	60	0.243	0.248	0.201
9	37	0.150	0.137	0.199
10	29	0.117	0.034	0.096
合计	247	1.000	1.000	0.999

均比例是 $(\sum_{s=0}^{10} F_s \times X_s)/2\,470 = 0.713$。基于这一比例,我们可以用对应于单类别"潜类别"模型的简单二项式分布来拟合数据。对于得分 X,期望二项式比例通过 $_{10}C_X \times (0.713)^X \times (1-0.713)^{10-X}$ 给定,其中$_{10}C_X$ 是从 10 个不同元素中任意抽取 X 个元素的所有可能组合个数[即 $10!/X! \times (10-X)!$,其中 X 的阶乘为 $X! = X \times (X-1) \times (X-2) \times \cdots \times 1$]。在表 3.10 中,期望二项式比例被标记为"一个二项式"。有关每一个分数的观测比例可见图 3.1 的上图。注意,这里二项式分布看似对数据拟合程度不高,但是实际上 G^2 拟合优度值在 9 个自由度下达到了 142.69($p < 0.001$)。

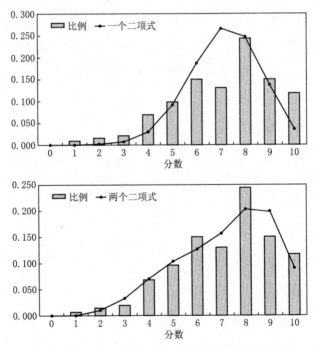

图 3.1 测验数据的简单二项式(上)和混合二项式(下)比较

由图 3.1 可见,测验数据似乎有两个峰值分别在 6 分和 8 分处,这说明混合模型可以更好地展现测验分数的分布。用程序 MLLSA 或 LCAG 来估计混合二项式模型的参数是有问题的,因为这些程序要求数据以响应向量的形式被输入,而在这个案例中,可能的响应向量个数为 $2^{10} = 1\,024$,但由于样本量仅有 247,其中大部分事实上并不会出现。出于这一原因,尽管使用第 3 章第 3 节中介绍过的非线性编程技术来估计混合二项式模型很简单直接,但是对特殊的参数估计,我们还是倾向于使用 MODEL3(Dayton & Macready,1977)程序编程。测验数据的估计值和相应标准误(在括号中)分别为 $\hat{\pi}_{1}^{X} = 0.600(0.071)$、$\hat{\pi}_{11}^{X} = 0.832(0.018)$ 和 $\hat{\pi}_{12}^{X} = 0.536(0.031)$ (注意:使用刀切法所估计的标准误要稍大些,分别是 0.087、0.022 和 0.038)。结果发现,样本中存在一个相对表现较好的群体,这个群体包括 60% 的学生,并且平均正确率为 83%(即 10 道题目中有 8.3 个题目回答正确);同时,样本中还存在一个相对表现较差的群体,这个群体包括 40% 的学生,并且平均正确率为 54%(即 10 道题目只有 5.4 个题目回答正确)。表 3.10 在标记为“两个二项式”的列中报告了该模型的预期频率,该预期频率同时可见于图 3.1 的下图。有关模型在数据拟合上的改进也容易从图中发现,模型所对应 G^2 拟合优度值为 13.37,自由度为 7($p = 0.064$)。需要注意的是,以两个潜类别为例,一般情况下,用混合二项式模型对 V 个变量的 $V+1$ 个分数进行拟合所需自由度等于 $V-3$。

第 4 章

线性尺度

第 1 节 | 概述

从某种意义上讲,如果在给定变量上的成功表现取决于在另外一个或多个变量上的成功表现,那么我们就可以认为这组变量存在一个分层结构。其中,最简单的情况就是依赖关系可以构成一个简单的线性尺度。在心理学领域内,一组展现出一个线性结构的态度或个性测试题目被称为古特曼尺度,该尺度出自路易斯·古特曼的开拓性研究。由于其运用性之广泛,这一概念也常被用于评估个体的成就或行为。在讨论线性尺度的时候,我们可以将其想象为一个包含了一组合法响应向量的理论结构。以二分类响应变量为例,合法的响应向量系统地包含多个 0 和 1。例如,有三个数学测试题目 A、B 和 C,假设正确回答题目 A 所需要的知识对于正确回答题目 B 同样必要,并且正确回答题目 A 和 B 的知识对于正确回答题目 C 也同样必要,那么在这个意义上各题目就构成了一个尺度。这组先决条件关系可以被表示为 $A \rightarrow B \rightarrow C$,其中右箭头($\rightarrow$)读作"先决于"。至于观测响应向量,只有特定的一些模式与假设的线性(或者说 Guttman)尺度一致。比方说,假设 1 代表对一个题目的正确回答,0 代表错误回答,那么响应向量 $\{000\}$、$\{100\}$、$\{110\}$ 和 $\{111\}$ 都是合法的。注意响应向量 $\{000\}$ 是一个合法的响应向量,因为有一些受访者可能在三个题目上都回答错误。而其他可能的响应向量，如{010}，就不合法，因为这一尺度是基于假设——正确回答题目 B 是正确回答题目 A 的必要条件。当然，在实践中，即使线性尺度正确地描述了受访者总体的特征由于相应误差的存在，观察到的可能是响应向量而非合法向量。其中误差来源于无意中选择了一个错误的答案或者是猜中了正确的答案等等。

尽管这里我们以成绩测试题目为例来说明一个线性尺度，但类似的论证也可以被应用于主观题目。例如，我们可能构建三个态度题目来形容对某些社会现象越来越强的信念。因此，对于题目 B 的支持意味着对题目 A 的支持，对题目 C 的支持意味着同时对题目 A 和 B 的支持。这一章接下来的部分，我们将会展示一些线性尺度的基本模型。在下一章，我们则会考虑比线性结构更为复杂的模型。

第 2 节｜包含回答误差的模型

Proctor 模型

假设有三个二分类变量 A、B 和 C,在理论上服从下列两个先决关系:如果在变量 B 上的回答为 1(表示"是"或"正确"),那么在变量 A 上的回答也为 1;如果在变量 C 上的回答为 1,那么则需要同时在变量 A 和变量 B 上的回答为 1。因此,合法响应向量 $\{000\}$、$\{100\}$、$\{110\}$ 和 $\{111\}$ 构成了一个线性尺度。Proctor(1970)提出了一个模型,假设合法响应向量为在总体中的"真实类型",但允许所有变量都可能存在一定的错误率的情况。

Proctor 模型可以被看做是一个潜类别模型,其有着单独的潜类别可以分别对应每一个真实类型,且对变量的条件概率有着适当的限制。特别是,总体中每一个真实类型的比例也就是潜类别的比例 π_t^X。其中, $t = 1$ 对应于合法响应向量 $\{000\}$, $t = 2$ 对应于合法响应向量 $\{100\}$,以此类推。一般情况下,对于线性尺度,潜类别的数量要比相应变量的数量多 1(即 $V+1$)。随着潜类别变化而变化的条件概率的具体限制条件为:

$$\pi_{11}^{\bar{A}X} = \pi_{11}^{\bar{B}X} = \pi_{11}^{\bar{C}X} = \pi_{12}^{\bar{B}X} = \pi_{12}^{\bar{C}X} = \pi_{13}^{\bar{C}X} = \cdots$$
$$= \pi_{02}^{\bar{A}X} = \pi_{03}^{\bar{A}X} = \pi_{03}^{\bar{B}X} = \pi_{04}^{\bar{A}X} = \pi_{04}^{\bar{B}X} = \pi_{04}^{\bar{C}X} \equiv \pi_e \quad [4.1]$$

为了简化表达式,方程 4.1 中的限制性概率用 π_e 表示。对于给定潜类别或真实类型中的任一个受访者,响应与真实类型不一致的概率(即误差)是 π_e,而与真实类型一致的概率(即非误差)为 $1-\pi_e$。设想一下,如果一个属于潜类别 $t=2$ 的受访者所对应的合法响应向量为 $\{100\}$,那么所有可能的响应向量对应的概率是:

$$P(\mathbf{y}_s = \{000\} \mid t=2) = \pi_e \times (1-\pi_e)^2$$

$$P(\mathbf{y}_s = \{100\} \mid t=2) = (1-\pi_e)^3$$

$$P(\mathbf{y}_s = \{010\} \mid t=2) = \pi_e^2 \times (1-\pi_e)$$

$$P(\mathbf{y}_s = \{110\} \mid t=2) = \pi_e \times (1-\pi_e)^2$$

$$P(\mathbf{y}_s = \{001\} \mid t=2) = \pi_e^2 \times (1-\pi_e)$$

$$P(\mathbf{y}_s = \{101\} \mid t=2) = \pi_e \times (1-\pi_e)^2$$

$$P(\mathbf{y}_s = \{011\} \mid t=2) = \pi_e^3$$

$$P(\mathbf{y}_s = \{111\} \mid t=2) = \pi_e^2 \times (1-\pi_e)$$

注意 π_e 项的指数是当每一个响应向量与合法回答 $\{100\}$ 相比较时差异或误差的个数,$1-\pi_e$ 的指数是在同样的比较中匹配或非误差的个数。

给定方程 4.1 中的限制条件,Proctor 模型是方程 2.1 和 2.2 中所展现的包含四个潜类别的一般化潜类别模型的一个限制性形式。具体分析依照第 2 章中提出和第 3 章中演绎的步骤,唯一需要特别考虑的是如何确定用于卡方拟合优度检验的自由度。假定一个模型可以被识别,确定其自由度的一般方法是用响应向量的数量 2^V 减去施加于预期频率的独立限制条件的数量。若要预期频率相加等于观测样本量则需施加一个限制条件(即 $\sum_{s=1}^{8} \hat{n}_s = N$),并且每一个从观测频率估计出的独立参数都代表着一个额外的限制条件。在当前的例子中,我们需要得到误差率常数 π_e 以及四个潜类别比例中的三个的估计值(因为潜类别比例之和等于 1.0,第四个潜类别比例在数学上很容易被确定)。因此,在这个三个题目的例子中,自由度为 8−5=3。一般情况下,对含有 V 个变量的 Proctor 模型,自由度是 $2^V−V−2$。

入侵—遗漏误差模型

在 Proctor 模型中,我们会假定一个简单的误差率 π_e,这在很多应用中都是一个过度的简化。但实际上,将模型一般化的方法有很多。Dayton & Macready(1976)引入了两个不同类型误差的概念:入侵误差和遗漏误差。如果被观测到的回答为 1("是"或"正确"),同时合法响应向量所呼吁的回答为 0("否"或"错误"),入侵误差发生,其概率为 π_I。如果被观测到的回答为 0,同时合法响应向量所呼吁的回答为 1,遗漏误差发生,其概率为 π_O。代替方程 4.1 的新的限制条件是

$$\pi_{11}^{\overline{A}X}=\pi_{11}^{\overline{B}X}=\pi_{11}^{\overline{C}X}=\pi_{12}^{\overline{B}X}=\pi_{12}^{\overline{C}X}=\pi_{13}^{\overline{C}X}\equiv\pi_I \quad [4.2]$$
$$\pi_{02}^{\overline{A}X}=\pi_{03}^{\overline{A}X}=\pi_{03}^{\overline{B}X}=\pi_{04}^{\overline{A}X}=\pi_{04}^{\overline{B}X}=\pi_{04}^{\overline{C}X}\equiv\pi_O$$

就合法响应向量{100}而言,对应于各个响应向量的概率是

$$P(\mathbf{y}_s=\{000\}\mid t=2)=\pi_O\times(1-\pi_I)^2$$

$$P(\mathbf{y}_s=\{100\}\mid t=2)=(1-\pi_O)\times(1-\pi_I)^2$$

$$P(\mathbf{y}_s=\{010\}\mid t=2)=\pi_O\times\pi_I\times(1-\pi_I)$$

$$P(\mathbf{y}_s=\{110\}\mid t=2)=(1-\pi_O)\times\pi_I\times(1-\pi_I)$$

$$P(\mathbf{y}_s=\{001\}\mid t=2)=\pi_O\times(1-\pi_I)\times\pi_I$$

$$P(\mathbf{y}_s = \{101\} \mid t = 2) = (1 - \pi_O) \times (1 - \pi_I) \times \pi_I$$

$$P(\mathbf{y}_s = \{011\} \mid t = 2) = \pi_O \times \pi_I^2$$

$$P(\mathbf{y}_s = \{111\} \mid t = 2) = (1 - \pi_O) \times \pi_I^2$$

分析步骤除自由度外与其他任何潜类别模型无异。在本例中，模型自由度应为 $8 - 6 = 2$，其一般表达式为 $2^V - V - 3$。

其他误差模型

除了 Proctor 和入侵—遗漏误差模型，其他可以用来限制变量的条件概率的方法还包括具体变量误差模型和具体潜类别误差模型。对于前者，V 个变量中的每一个都具有截然不同的误差率 π_{v1}、π_{v2} 和 π_{v3}，所对应的适当限制为：

$$\pi_{11}^{\overline{A}X} = \pi_{02}^{\overline{A}X} = \pi_{03}^{\overline{A}X} = \pi_{04}^{\overline{A}X} \equiv \pi_{v1}$$

$$\pi_{11}^{\overline{B}X} = \pi_{02}^{\overline{B}X} = \pi_{03}^{\overline{B}X} = \pi_{04}^{\overline{B}X} \equiv \pi_{v2} \qquad [4.3]$$

$$\pi_{11}^{\overline{C}X} = \pi_{02}^{\overline{C}X} = \pi_{03}^{\overline{C}X} = \pi_{04}^{\overline{C}X} \equiv \pi_{v3}$$

对于后者，T 个潜类别中的每一个都具有截然不同的误差率 π_{c1}、π_{c2}、π_{c3} 和 π_{c4}。对于前面的例子，其适当的限制为：

$$\pi_{11}^{\overline{A}X} = \pi_{11}^{\overline{B}X} = \pi_{11}^{\overline{C}X} \equiv \pi_{c1}$$

$$\pi_{02}^{\overline{A}X} = \pi_{12}^{\overline{B}X} = \pi_{12}^{\overline{C}X} \equiv \pi_{c2}$$

$$\pi_{03}^{\overline{A}X} = \pi_{03}^{\overline{B}X} = \pi_{13}^{\overline{C}X} \equiv \pi_{c3} \qquad [4.4]$$

$$\pi_{04}^{\overline{A}X} = \pi_{04}^{\overline{B}X} = \pi_{04}^{\overline{C}X} \equiv \pi_{c4}$$

就这两个例子而言，通常，评估模型拟合的自由度分别是 $2^V - 2V - 1$ 和 $2^V - V - T - 1 = 2^V - 2V - 2$。注意，当有三个变量时，前面一个模型的自由度为 1，而后面一个是饱和模型（即自由度为 0）。

第 3 节 ｜ 临床量表的例子

对左—右空间任务的掌握被儿科医生认为是衡量儿童正常发展的指标。Whitehouse, Dayton & Eliot(1980)试图构建出一个可以被临床医生所使用的简单的发展尺度。一组 12 个行为任务被分配给 573 个年龄在三到六岁的儿童。这些儿童没有任何已知的先天障碍并表现出符合他们年龄的"正常"学习水平。12 个任务被分成三个级别:(A)肢体识别(如,"给我看你的左手")、(B)跨中线识别(如,"把你的左手放到你的右膝盖上")以及(C)反向识别(如,"把你的右手放到我的左膝盖上")。经过对回答进行初步地过滤和分析,他们设计了一个评分策略。该评分策略使用 12 个任务中的 6 个任务,并对三个级别中的每一个级别都取出两个任务。每一个级别的给分标准是,如果两个任务都表现正确则给 1 分(掌握),如果仅有一个正确或两个都不正确则给 0 分(没有掌握)。因此,有八个可能的响应向量{000}、{100}、{010}等等。假设正常发展水平与三个级别的空间任务一致,那么合法响应向量{000}、{100}、{110}和{111}应该构成一个线性的尺度。表 4.1 报告了 573 个儿童的频率分布,其中明显可以看出大部分观测响应向量都与线性尺度一致(实际上是 573 个中的 566 个儿童,或者说 98.8%的儿童符合该特性）。初步结果显示，独立模型（即非限制性、单类别模型）对数据的拟合非常差，其 G^2 值为 427.20，自由度为 $8-3-1=4$。接下来，我们还使用 MLLSA 程序估计了前面章节中提到的四个模型（Proctor、侵入—遗漏误差、具体变量误差和具体潜类别误差模型）的参数。表 4.1 报告了四个模型的预期频率，表 4.2 报告了参数估计以及拟合统计量。值得关注的是，该四个模型对数据的拟合都令人满意，因为它们的拟合度卡方检验都没有显著的差别。当具体变量和具体潜类别误差模型的拟合程度都很好，表明存在一个问题。那就是，在两个模型中对误差率的某些估计值都处于较低的边界值 0.0。在这种情况下，估计值的渐近方差—协方差矩阵的秩将会小于预期值，因此我们必须相应地调整自由度（事实上，额外的限制条件被施加到估计值上）。对于具体变量误差模型，我们的可能预期自由度为 $8-6-1=1$，但是因为误差项 $\hat{\pi}_{e3}$ 被估计为 0（事实上是被限制为 0），那么正确的自由度应该为 2。类似地，对于具体潜类别误差模型，两个估计的误差率 $\hat{\pi}_{c1}$ 和 $\hat{\pi}_{c4}$ 都处于边界值 0 上，因此我们需要将自由度从 $8-7-1=0$ 调整到 2。

所有四个模型的误差估计值都非常小。例如，Proctor 模型的误差率常数估计仅为 0.009，侵入—遗漏误差模型的误差率估计分别为 0.000 3 和 0.017。通过检验这些模型的预期频率（表 4.1）可以发现，很显然，误差率实际上是由六个响应向量为 {010} 的儿童决定的。这些儿童正确地完成了跨中线识别，但是却没有正确完成（假定）先决的任务——肢体识别。因此，对于具体变量误差模型，第二个级别任务的误差率相对较大（但依然还是很小），为 0.027。有趣的是，四个

表 4.1 左右临床尺度

水平〈ABC〉	频率	预期频率 Proctor	预期频率 侵入-遗漏	预期频率 具体变量	具体潜类别	模型后概率	模型类别
〈000〉*	170	169.42	169.99	170.92	170.00	0.994	1
〈100〉*	73	72.89	73.00	73.01	73.02	0.922	2
〈010〉*	6	3.72	4.52	5.02	5.71	0.998	3
〈110〉*	254	255.40	255.45	254.05	254.13	0.997	3
〈001〉	0	1.49	0.08	0.00	0.01	0.784	2
〈101〉	1	1.22	1.20	1.90	0.97	0.867	2
〈011〉	0	0.61	1.18	0.00	0.13	0.999	3
〈111〉*	69	68.27	67.85	68.03	69.01	0.917	4
合计	573	572.99	573.00	572.93	572.98		

注:星号(*)表示合法的回答模式。

表 4.2 对临床尺度数据的模型拟合

模型	合法回答模式 〈000〉	〈100〉	〈110〉	〈111〉	误差概率	G^2	DF	概率	AIC^*	BIC^*	π^*	I_D
I	0.302	0.124	0.455	0.118	0.009	5.441	3	0.142	-0.559	-13.612	0.012	0.007
II	0.295	0.122	0.460	0.124	0.000 3, 0.017	3.028	2	0.220	-0.972	-9.674	0.012	0.005
III	0.307	0.118	0.453	0.122	0.001, 0.027, 0.000*	0.854	2	0.652	-3.146	-11.848	0.012	0.003
IV	0.295	0.122	0.473	0.111	0.000*, 0.012, 0.022, 0.000*	0.330	2	0.848	-3.670	-12.372	0.012	0.001

注:模型:I.Proctor模型;II.侵入-遗漏模型;III.具体变量误差模型;IV.具体潜类别误差模型。星号(*)表示边界值;自由度数相应调整。

模型估计的潜类别大小都非常相近,即:约 30% 的儿童表现出没有掌握三个水平的任务中的任何一个,约 12% 的儿童处于第一个水平,约 45% 到 47% 的儿童处于第二个水平,约 12% 的儿童掌握了所有三个任务。

虽然所有四个模型都较好地拟合了数据,从它们中间做出选择却有一定的随意性。如表 4.2 中所示,四个模型相异性的指标都非常小(小于 0.01),因而并不能提供判断模型拟合程度的依据。另外,拟合度的指标 π^* 在所有模型中均收敛于同一值,$7/573 = 0.012$。这意味着通过去除七个表现出不合法响应向量 $\{010\}$ 和 $\{101\}$ 的儿童后可以得到完美拟合数据的前类别模型。最后,最小 AIC^* 值的策略倾向于选择具体潜类别模型,而最小 BIC^* 值的策略倾向于选择更简单的 Proctor 模型。注意,这些计算的恰当性值得商榷,因为模型 III 和模型 IV 的自由度均被向上调整以允许估计的条件概率可以取得边界值 0。在这种情况下,我们并不知道赤池指标和贝叶斯指标是否合适。然而,由于 $\hat{\pi}_{c1}$ 和 $\hat{\pi}_{c4}$ 都被设定在边界值 0,如果我们采纳具体潜类别误差模型,它不仅有最小的 I_D 值,而且第一个潜类别 $\{000\}$ 和第四个潜类别 $\{111\}$ 都可以被没有误差地估计。

通过对具体潜类别误差模型使用贝叶斯定理(公式 2.3),儿童可以被划分为不同的发展类型,结果见表 4.1 中被标记为"模型后概率"和"模型类别"的两列(这两列分别对应于 MLLSA 输出结果中的"Modal P ＝"和"Class ＝"这两列)。注意,六个展现出不合法响应向量 $\{010\}$ 的儿童与来自于合法响应向量 $\{110\}$ 的儿童划归为一类,这是在第一个任务上存在遗漏误差的最好代表。同时,还有一个展现出不合法响应向量{101}的儿童也与来自合法响应向量{110}的儿童划归为一类，这是在第二个任务上存在遗漏误差以及在第三个任务上存在侵入误差的最好代表。被正确分类的比例等于 $(170 \times 0.994 + 73 \times 0.992 + 6 \times 0.998 + 254 \times 0.997 + 0 \times 0.784 + 1 \times 0.867 + \cdots + 0 \times 0.999 + 69 \times 0.917)/573 = 0.977$，基于估计的最大潜类别比例 $\hat{\pi}_3^X = 0.473$，比修正概率后得到的 λ 统计量只稍微变小了一点，$\lambda = (0.977 - 0.473)/(1 - 0.473) = 0.956$。

第 4 节 ‖ 扩展模型

Goodman 本质不可尺度化模型

Goodman(1975)引入了定义尺度模型的概念,其中有的受访者是可以被尺度化的,而有的受访者"本质上"是不可以被尺度化的。其基本的概念是,可被尺度化的受访者提供的回答是完全一致的(即没有误差),其中每一个类型都被合法响应向量所代表,而本质上不可尺度化的受访者提供的回答与独立模型一致。因此,那些表现出不合法响应向量的受访者可能只是来自一个本质上不能被尺度化的类别。然而,那些表现出合法响应向量的受访者既可能是来自相应的潜类别,也有可能是来自本质上不可尺度化的类别。正式地说,Goodman 本质不可尺度化模型可以对任一给定尺度模型增加一个不可尺度化的潜类别并把对应于分层结构的潜类别的误差率限定为 0。给定三个变量和一个线性尺度{000}、{100}、{110}和{111},那么总共将会有五个潜类别。其中,潜类别比例为 π_t^X,$t = 1$、2、3、4,该比例对应于合法响应向量,而潜类别比例 π_5^X 对应于本质上不可尺度化的类别。此外,对于前四个潜类别的条件概率,相应的限制条件如下:

$$\pi_{11}^{\bar{A}X} = \pi_{11}^{\bar{B}X} = \pi_{11}^{\bar{C}X} = \pi_{12}^{\bar{B}X} - \pi_{12}^{\bar{C}X} = \pi_{13}^{\bar{C}X} = \cdots$$

$$= \pi_{02}^{\bar{A}X} = \pi_{03}^{\bar{A}X} = \pi_{03}^{\bar{B}X} = \pi_{04}^{\bar{A}X} = \pi_{04}^{\bar{B}X} = \pi_{04}^{\bar{C}X} = 0 \qquad [4.5a]$$

或者,等价的限制条件为:

$$\pi_{01}^{\bar{A}X} = \pi_{01}^{\bar{B}X} = \pi_{01}^{\bar{C}X} = \pi_{02}^{\bar{B}X} = \pi_{02}^{\bar{C}X} = \pi_{03}^{\bar{C}X} = \cdots$$

$$= \pi_{12}^{\bar{A}X} = \pi_{13}^{\bar{A}X} = \pi_{13}^{\bar{B}X} = \pi_{14}^{\bar{A}X} = \pi_{14}^{\bar{B}X} = \pi_{14}^{\bar{C}X} = 1 \qquad [4.5b]$$

最后,第五个潜类别条件概率,或本质上不可被尺度化的类别的条件概率 $\pi_{15}^{\bar{A}X}$、$\pi_{15}^{\bar{B}X}$ 和 $\pi_{15}^{\bar{C}X}$,我们没有对其加以限制。

研究中有可能会存在两个或以上不能被尺度化的类别。如果变量的数量多到足够令模型得以识别的话,我们就可以简单地通过加入其他的不可被尺度化的类别来扩展 Goodman 模型。例如,当有四个变量和有两个不可被尺度化的类别的线性尺度时,我们需要估计七个潜类别比例(其中六个是相互独立的)和八个条件概率。因此,基于 16 个响应向量的频率,还剩下 1 个自由度来评估模型拟合。

Dayton 和 Macready 扩展模型

Goodman 模型的一个不现实的假设是,在可被尺度化的类别中的受访者可以没有误差地给出回答。但是实际上,受访者有可能给出错误的答案,或者在成绩测试中,他们也可能靠猜测得到正确答案。考虑到这种可能性,Dayton & Macready(1980)扩展了本质不可被尺度化的潜类别模型,即通过对可尺度化类型加入各种不同类型的误差来实现。事实上,前面提到的任何一种误差模型,从 Proctor 模型到具体潜类别误差模型,都可以被修改以计入一个本质上不可被尺度化的类别。比方说，就侵入—遗漏误差模型而言，对前四个潜类别施加方程 4.2 中的限制条件后，该模型可以被扩展，加入第五个潜类别，其中变量的条件概率是非限制性的。

第 5 节 | Lazarsfeld-Stouffer 数据的例子

我们用在潜类别建模文献中经常出现的 Lazarsfeld-Stouffer 问卷数据集（Lazarsfeld，1950）来说明 Goodman 本质上不可被尺度化的类别模型和其他的扩展模型。这个样本包括 1 000 个士官对四个关于军队的态度陈述的二分类变量（同意/不同意）。态度从 A 到 D 代表赞同程度越来越高。另外，基于合法响应向量为{0000}、{1000}、{1100}、{1110}和{1111}，我们还可以假设一个底层的线性尺度。

如表 4.3 中所总结的，模型 I 是包含一个不可被尺度化类别的 Goodman 模型，模型 II 是包含两个不可被尺度化类别的 Goodman 模型，模型 III 是侵入—遗漏误差模型，模型 IV 是具体变量误差模型。所有拟合 Lazarsfeld-Stouffer 数据的模型都使用 MLLSA。在这些模型中，只有模型 II 提供了一个勉强可以接受的拟合度，其中，超过 70% 的受访者被估计为属于两个不可被尺度化的类别。从这点来看，模型 II 对回答的尺度化并不令人满意。虽然没有总结在表格中，Proctor 模型和具体潜类别误差模型的拟合度同样也很差。使用第 3 章第 3 节中描述的一般方法，我们对除了模型 II 的所有模型计算拟合指标值 π^*。值得注意的是，所有拟合指标值都比较大,从具体变量误差模型的 0.141 到侵入—遗漏误差模型的 0.228。有关相异指数 I_D 也可见表 4.3。尽管两个误差模型的相异指数都较大,分别为 0.087 和 0.077,但包含一个不可被尺度化类别的 Goodman 模型的相异指数仅为 0.041,在某些情境下,这个值可能被认为是可接受的。但是,我们继续拟合扩展模型,即:把一个在本质上不可被尺度化类别与侵入—遗漏误差模型(模型 V)和具体变量误差模型(模型 VI)相结合。这两个模型不管从卡方拟合优度检验来说,还是从拟合指标 π^* 和 I_D 来说,都可以很好地拟合数据。但是我们并不能确定最终选择,因为最小 AIC* 或最小 BIC* 方法略微倾向于选择模型 V,即:包含一个在本质上不可被尺度化类别的侵入—遗漏误差模型,但是 π^* 和 I_D 指标都倾向于选择模型 VI,即:包含一个在本质上不可被尺度化类别的具体变量误差模型。注意,这一分歧之所以产生是因为最小 AIC* 或最小 BIC* 统计量考虑了模型的复杂性,而模型 VI 在模型拟合上提供的改进相对于引入两个模型参数所增加的复杂性来说,似乎得不偿失。另外,尽管对于这两个非嵌套模型没有合适的正式假设检验,但是它们之间卡方拟合度统计量的差异只有 3.948,自由度差为 2。

对于 Lazarsfeld-Stouffer 数据,给定的两个扩展模型都是较好的选择。如进一步考虑这两个选择的实质性差别,至少有四个特点是显而易见的:(1)模型 VI 所估计的本质上不可被尺度化类别的大小要小 30%;(2)除了包含更多受访者的响应向量{000},模型 V 中所估计的潜类别比例在大小上接近;(3)对本质上不可被尺度化的类别所估计的条件概率在两个模型中都非常接近;(4)对于模型 VI,侵入误差率估计为 0,

表 4.3 对 Lazarsfeld-Stouffer 数据的模型拟合

模型	合法回答模式					本质上不可化被尺度化的类别	误差概率	本质上不可被尺度化的概率(是)	G^2	DF	Prob.	AIC*	BIC*	π^*	I_D
	⟨0000⟩	⟨1000⟩	⟨1100⟩	⟨1110⟩	⟨1111⟩										
I	0.050	0.011	0.000	0.079	0.188	0.672	n/a	0.696, 0.645, 0.535, 0.255	26.533	6	0.000	14.533	−14.914	0.143	0.041
II	0.022	0.002	0.015	0.112	0.139	0.300, 0.410	n/a	0.852, 0.744, 0.651, 0.686, 0.542, 0.491, 0.437, 0.034	3.620	1	0.057	1.620	−3.288	n/c	0.008
III	0.193	0.080	0.127	0.338	0.261	n/a	0.214, 0.128	n/a	71.506	9	0.000	53.506	9.336	0.228	0.087
IV	0.159	0.062	0.067	0.356	0.356	n/a	0.140, 0.181, 0.234, 0.012	n/a	43.629	7	0.000	29.629	−4.725	0.141	0.077
V	0.020	0.022	0.067	0.284	0.127	0.481	0.000, 0.452	0.975, 0.922, 0.830, 0.602	5.650	4	0.227	−2.350	−21.981	0.045	0.014
VI	0.178	0.049	0.090	0.196	0.148	0.339	0.246, 0.360, 0.329, 0.003	0.997, 0.999, 0.866, 0.619	1.702	2	0.427	−2.298	−12.114	0.012	0.009

注:模型,I.包含一个不可被尺度化类别的 Goodman 模型;II.包含两个不可被尺度化类别的 Goodman 模型;III.侵入—遗漏误差模型;IV.具体变量误差模型;V.包含一个在本质上不可被尺度化类别的侵入—遗漏误差模型;VI.包含一个在本质上不可被尺度化类别的具体变量误差模型。n/a 表示不适用;n/c 表示没有被计算。

但是遗漏误差率估计值较大，为 0.452。考虑到这些情况，如果非要选择一个模型的话，模型 VI，即包含一个在本质上不可被尺度化类别的具体变量误差模型可能是更合理的选择。表 4.4 展现了基于贝叶斯定理的预期频率和潜类别划分（这些列与在第 4 章第 2 节中的定义一致）。如 MLLSA 所报告的结果，正确分类的比例是 0.621，机会修正比例 λ 为 0.426。我们现在注意到这个模型选择令人不安的地方在于没有受访者被划分到合法响应向量 {1000} 或 {1100} 所对应的类别，而最大两个类别 {1110} 和 {1111} 的受访者被划分为来自不可被尺度化的类别，尽管事实上这两个响应向量都被认为是代表可被尺度化的类别。这样我们就足以断定对 Lazarsfeld-Stouffer 数据很难以一种有意义的方式建模，并且单靠显著性检验和拟合度指标并不一定能够选择出令人满意的模型。

表 4.4　模型 VI 的分类结果

题目 {ABCD}	频率	预期频率	模型类别	模型先决概率
{0000} *	75	73.65	{0000}	0.781
{1000} *	69	68.35	{0000}	0.274
{0100}	55	54.85	{0000}	0.589
{1100} *	96	96.87	{1110}	0.321
{0010}	42	44.95	{0000}	0.628
{1010}	60	60.65	{1110}	0.587
{0110}	45	42.96	{1110}	0.480
{1110} *	199	198.72	IUC	0.561
{0001}	3	4.50	{1111}	0.955
{1001}	16	13.39	{1111}	0.985
{0101}	8	7.90	{1111}	0.968
{1101}	52	51.72	IUC	0.542
{0011}	10	8.88	{1111}	0.986
{1011}	25	27.13	{1111}	0.991
{0111}	16	16.33	{1111}	0.954
{1111} *	229	229.17	IUC	0.790
合计	1000	1000.02		

注：星号（*）表示合法的回答模式。

第 6 节 | 潜距离模型

Lazarsfeld 和 Henry(1968)考虑了排序潜类别的问题,并提出了定义所谓的潜距离模型的一些原则。事实上,Proctor 模型和侵入—遗漏误差模型是他们的模型的限制性版本。具体来说,如果存在一个线性尺度的概念,那么对于潜距离模型中的每一个变量对 1 的回答都有排序不同的两个条件概率。这里,我们假设有三个变量,以及四个遵循线性尺度的合法响应向量{000}、{100}、{110}和{111},那么条件概率则存在几个等式和排序限制条件。这些限制可以简单地表示为

$$\pi_{11}^{\overline{A}X} \leqslant [\pi_{12}^{\overline{A}X} = \pi_{13}^{\overline{A}X} = \pi_{14}^{\overline{A}X}] \text{ 或 } a_1 \leqslant b_1$$

$$[\pi_{11}^{\overline{B}X} = \pi_{12}^{\overline{B}X}] \leqslant [\pi_{13}^{\overline{B}X} = \pi_{14}^{\overline{B}X}] \text{ 或 } a_2 \leqslant b_2 \qquad [4.6]$$

$$[\pi_{11}^{\overline{C}X} = \pi_{12}^{\overline{C}X} = \pi_{13}^{\overline{C}X}] \leqslant \pi_{14}^{\overline{C}X} \text{ 或 } a_3 \leqslant b_3$$

(其中 $a_1 = \pi_{11}^{\overline{A}X}$, $b_1 = \pi_{12}^{\overline{A}X} = \pi_{13}^{\overline{A}X} = \pi_{14}^{\overline{A}X}$, 等等)。注意,这里每一个显变量对应两个条件概率,并且这些条件概率依照合法回答模式来排序。简化表示的相关排序请见表 4.5。

就三个显变量的具体例子而言,潜距离模型无法被识别,因为独立参数的个数为九(即三个潜类别概率和六个条件概率),而响应向量的个数仅为八。对于包含四个变量的潜距离模型,八个不同条件概率可由以下这些限制得出:

$$\pi_{11}^{\overline{A}X} \leqslant [\pi_{12}^{\overline{A}X} = \pi_{13}^{\overline{A}X} = \pi_{14}^{\overline{A}X} = \pi_{15}^{\overline{A}X}]$$

$$[\pi_{11}^{\overline{B}X} = \pi_{12}^{\overline{B}X}] \leqslant [\pi_{13}^{\overline{B}X} = \pi_{14}^{\overline{B}X} = \pi_{15}^{\overline{B}X}]$$

$$[\pi_{11}^{\overline{C}X} = \pi_{12}^{\overline{C}X} = \pi_{13}^{\overline{C}X}] \leqslant [\pi_{14}^{\overline{C}X} = \pi_{15}^{\overline{C}X}]$$

$$[\pi_{11}^{\overline{D}X} = \pi_{12}^{\overline{D}X} = \pi_{13}^{\overline{D}X} = \pi_{14}^{\overline{D}X}] \leqslant \pi_{15}^{\overline{D}X}$$

[4.7]

表 4.5　对潜距离模型限制条件的简化表示法

合法回答模式	项目的条件概率		
	A	B	C
{000}	a_1	a_2	a_3
{100}	b_1	a_2	a_3
{110}	b_1	b_2	a_3
{111}	b_1	b_2	b_3

注：$a_1 \leqslant b_1$；$a_2 \leqslant b_2$；$a_3 \leqslant b_3$。

另外，由于五个潜类别比例必须被估计，从而产生 3 个自由度以用来评估拟合度。但是因为协方差矩阵欠秩，四变量模型同样无法被识别。事实上，只有六个独立条件概率可以被估计，因此必须施加另外两个限制条件以便识别模型。其中最明显的限制条件与具体变量误差模型中的类似（方程 4.3），但是只应用于其中的两个变量。如果这些限制条件被应用于变量 A 和 D，在方程 4.7 中相应的行就会变成

$$\pi_{11}^{\overline{A}X} = \pi_{02}^{\overline{A}X} = \pi_{03}^{\overline{A}X} = \pi_{04}^{\overline{A}X} = \pi_{05}^{\overline{A}X}$$

$$\pi_{11}^{\overline{D}X} = \pi_{12}^{\overline{D}X} = \pi_{13}^{\overline{D}X} = \pi_{14}^{\overline{D}X} = \pi_{05}^{\overline{D}X}$$

在 Lazarsfeld 和 Henry（1968）的书中，他们用 Stouffer-Toby（1951）数据来说明潜距离模型（见表 4.6）。这个数据是基于 216 个受访者对关于测量角色冲突情境下行为的四个问卷题目的回答（例如，"您一个很亲近的朋友是为保险公司工作的医生。在您需要保险的时候他负责对您进行体检。总体而

言,您的身体很好,但是有一两个小问题难以诊断。你要如何要求他为您隐藏疑点?")。对问题的回答如果是基于友情的话就被描述为特殊主义(编码为 0),而更符合社会理想的回答则被描述为普适主义(编码为 1)。根据假定可能出现的普适主义特质,题目可按照 A、B、C、D 的顺序排列。前面约束模型所估计的条件概率可见表 4.5。

潜类别比例	合法向量
1:0.201	{0.012, 0.252, 0.363, 0.136}
2:0.438	{0.988, 0.252, 0.363, 0.136}
3:0.102	{0.988, 0.939, 0.363, 0.136}
4:0.019	{0.988, 0.939, 0.947, 0.136}
5:0.239	{0.988, 0.939, 0.947, 0.864}

这个模型对数据的拟合特别好,G^2 值为 0.922,自由度为 5($p = 0.969$)。尽管拟合度很好,表 4.6 中所展示的频率数据表明不合法响应向量{1010}包含大量的受访者。这个响应向量之所以有很好的拟合,是因为即便是题目 B 和 C 的两个条件概率中较小的那一个,也要比另外两个条件概率大(即,题目 B 和 C 的条件概率分别为 0.252 和 0.363,而题目 A 和 D 的条件概率分别为 0.012 和 0.136)。出于比较的目的,我们用包含一个本质上不可被尺度化类别的模型来拟合 Stouffer-Toby 数据。在 6 个自由度的情况下,这个模型的拟合度也很好($G^2 = 0.989, p = 0.986$),并且比潜距离模型具有更小的 AIC* 值 [0.989 − 2(6) = −11.011,而潜距离模型的 AIC* 值为 AIC* = 0.922 − 2(5) = −9.078,注意 BIC* 值也更倾向于选择本质上不可被尺度化模型]。然而,本质上不可被尺度化类型所估计的潜类别比例为 0.681,意味着超过三分之二的受访者并不属于尺度化类型中的任何一个。

表 4.6   Stouffer-Toby 角色冲突数据

题目 {ABCD}	频 率	题目 {ABCD}	频 率
{0000}	42	{1001}	4
{1000}	23	{0101}	1
{0100}	6	{1101}	6
{1100}	25	{0011}	2
{0010}	6	{1011}	9
{1010}	24	{0111}	2
{0110}	7	{1111}	20
{1110}	38	合 计	216
{0001}	1		

Dayton & Macready(1980)还报告了基于 Stouffer-Toby 数据把{1010}包含在合法响应向量之内的各种不同的其他模型。这些模型很多都是这章前面部分所提及的误差模型，与本节介绍的模型相比，这些模型均没能更好地拟合数据。

第 7 节 | 潜马尔科夫模型

追踪数据是对同一组观测变量在不同时间点的重复测量。举一个最简单的例子,一个二分类变量在 V 个时间段被测量,得到的数据可以用本章中考虑的观测响应向量的形式来表示。例如,我们有一个关于国家选举的两个候选人(编码为 0 和 1)的潜在投票者的追踪数据,投票者在三个回合被问到他们对候选人的偏好。响应向量 $\{0, 0, 1\}$ 表示那些在第二回合和第三回合时改变他们选择的个人,而响应向量 $\{0, 0, 0\}$ 和 $\{1, 1, 1\}$ 代表那些在所有三个回合的选择都一致的个人。在实践中,所有八个不同的响应向量都可能被观察到并且表示不同程度的一致性/不一致性。

关于在追踪数据中变化发生的特定假设模型同样可以用线性尺度来表示。例如,如果随着时间的改变,投票者更倾向于选候选人 1,那么合法的响应向量的线性尺度可能会"反向":$\{0, 0, 0\}$、$\{0, 0, 1\}$、$\{0, 1, 1\}$ 和 $\{1, 1, 1\}$。将马尔科夫链式模型应用于这类追踪数据的分析早已有之。Lazarsfeld 和 Henry(1968,ch.9)在书中总结了所谓的潜马尔科夫模型,其中模型内两个或以上的马尔科夫步骤被应用于追踪数据的潜类别中。在这一节,我们会介绍一些基础的表达法。想要了解更多关于潜马尔科夫模型的最近的文献,我们推荐 Langeheine(1994)的相关章节,以及 Van de Pol、Langeheine 和 de Jong(1991)开发的一个计算机程序 PAN-MARK。而 WinLAT 是另一个用于这些模型的软件,它由 Collins(1997)开发,并有着现代计算机的界面(在以下网站上有提供://methcenter.psu.edu/winLTA.html)。

潜马尔科夫模型有三个最基础的组成部分。借用 Langeheine(1994)的表达法,第一个组成部分 δ 是在初次测量的时间点上的一个潜类别比例向量(如,$\delta' = \{0.79, 0.21\}$ 表示 79% 的个案在时间 $t = 1$ 的时候属于第一个潜类别)。第二个组成部分是一个关于被测变量响应的条件概率矩阵 R。对于静态马尔科夫模型,R 被假定为不随时间变化[如,假定 $R = \begin{pmatrix} 0.87 & 0.13 \\ 0.17 & 0.83 \end{pmatrix}$,第一行表示第一个潜类别的 0 和 1 回答的条件概率,第二行表示第二个潜类别的 0 和 1 回答的条件概率]。最后,第三个组成部分是一个潜过渡矩阵 T,它包含从一个潜类别转移到另一个潜类别的概率。类似于 R,这个矩阵经常也被假定为在时间上具有同质性 [如,假定 $T = \begin{pmatrix} 0.70 & 0.30 \\ 0.02 & 0.98 \end{pmatrix}$,第一行代表第一个潜类别,表示从时间 t 到时间 $t+1$,一直在潜类别 1 的概率(0.70)或者转移到潜类别 2 的概率(0.30),而第二行代表第二个潜类别,表示一直在潜类别 2 的概率(0.98)或者转移到潜类别 1 的概率(0.02)]。

应当特别注意的是,具有同质性过渡矩阵的静态潜马尔科夫模型实质上等价于一个针对"反向"线性尺度$\{0, 0, 0\}$、$\{0, 0, 1\}$、$\{0, 1, 1\}$和$\{1, 1, 1\}$的侵入—遗漏误差模型。特

别是当 δ 中的元素等价于 $\{\pi_4^X, 1-\pi_4^X\}$，并且侵入—遗漏误差等价于 R 中的元素的时候（即这个例子中的 0.13 和0.17）。前面段落中用于说明的 δ、R 和 T 的值来自 Langeheine(1994) 中的示例 1。

第 8 节 | 其他尺度模型

定位潜类别模型

Uebersax(1993)描述了一种所谓的定位潜类别模型,它假设显变量与潜类别都按照一个潜在维度排序。假设显变量 A、B 等在一个潜维度上位于 τ_a、τ_b 等位置。同时假设 T 个潜类别位于 β_t 的位置上,这点定义了一些相关累计函数的中位数(即五十分位)。第 v 个变量的一个典型函数以 logistic 的形式表现为:

$$\Psi_{tv} = \frac{\exp(\alpha(\tau_v - \beta_t))}{1 + \exp(\alpha(\tau_v - \beta_t))} \qquad [4.8]$$

其中,α 是一个恒定差异或尺度的参数(即这一参数决定了 logistic 函数在中位数附近的斜率陡度)。[5]注意,对某些特定的潜类别,当给定 α 和 β_t 后,变量 A、B 等的条件概率可以通过替换方程 4.8 中的 τ_a、τ_b 等值来确定,因为定义潜类别的 logistic 函数的尺度参数 α 是一个常数,这一步骤可以保证条件概率完全有序。然而,对于变量和类别所处的潜在连续变量上的位置以及尺度,从本质上讲,都是相对模糊的,所以必须施加特定的限制条件以估计 β_t。

定位潜类别模型有点超出了本书的范围,因为我们的焦

点在于离散类别模型。然而，出于比较的目的，我们基于
Stouffer-Toby 数据用 LLCA 程序（Uebersax，1993）来拟合
一个五类别模型，所估计的潜类别比例和条件概率为：

潜类别比例	合法向量
1 ∶ 0.078	{0.044, 0.139, 0.148, 0.469}
2 ∶ 0.163	{0.062, 0.187, 0.199, 0.558}
3 ∶ 0.160	{0.166, 0.409, 0.427, 0.791}
4 ∶ 0.433	{0.242, 0.526, 0.545, 0.859}
5 ∶ 0.166	{0.997, 0.999, 0.999, 0.999}

注意这里的条件概率在题目和潜类别的方面都是完全有序
的。读者可以参看 Uebersax(1993)以获得关于这个模型的
更多信息。

T 类别混合模型

Lindsay，Clogg & Grego(1991)也提出了一个与潜在连
续体概念相关的潜类别模型。文章中他们定义了一个 *T* 类
混合模型，其中每一个显变量分别以 *A*、*B* 等表示，它们都位
于一个连续的潜变量上，并有着一个项目反应函数(item re-
sponse function)。与包括 Rasch 模型(Andrich，1988)在内
的很多项目反应理论(item response theory)模型一样，这个
函数可以以 logistic 形式存在。在 Rasch 模型中，我们假定第
v 个二分类变量肯定响应的概率服从以下 logistic 形式：

$$\Psi_v = \frac{\exp(\phi_s - \theta_v)}{1 + \exp(\phi_s - \theta_v)} \qquad [4.9]$$

其中，ϕ_s 是第 s 个受访者的"能力"，θ_v 是第 v 个变量的"难
度"。尽管从理论上讲，Rasch 模型看起来对每一个受访者都

加了一个单独的能力项，但实际上，估计所需要的充分统计量是响应向量所对应的得分（即肯定回答的 0，1，2，…，V 的计数），而这里只存在 $V+1$ 种不同的得分。Lindsay, Clogg & Grego(1991) 所呈现的一个有趣的结果是，鉴于其概念化，Rasch 模型可以被引申为一种约束潜类别模型。特别对于 V 个变量，一个 T 类混合模型要求用最多 $(V+1)/2$ 个潜类别来产生对 Rasch 模型所提供的数据的拟合。例如，对于像 Stouffer-Toby 这样有四个二分类测试题目的数据，一个适当被限制的三类潜类别模型完全等价于 Rasch 模型。这个三类模型总结如下：

潜类别比例	合法向量
1：0.175	{0.001，0.007，0.007，0.025}
2：0.587	{0.160，0.511，0.492，0.784}
3：0.237	{0.479，0.834，0.824，0.946}

有趣的是，这个 Rasch 模型的拟合优度统计量 G^2 等于 1.09，自由度为 3，与前面总结的定位潜类别模型所得到的值完全一样。除了 Lindsay, Clogg & Grego(1991)，我们可以还在 Clogg(1988) 上找到更多关于这个有趣的模型的信息。同样，由 Grego(1993) 编写的 PRASCH 计算机程序也可提供相关参数估计。

第9节 重复模式

　　本章中所得出的一些原则可以应用于线性尺度的每一个水平都可以由单一变量所代表的情况。例如,在第4章第2节的临床尺度的例子中实际涉及了六个空间任务。为了简化数据,我们用正确/不正确对成对题目进行评分,但是通过定义响应重复模式的线性尺度,建模可以基于所有六个题目上。我们令每一个水平的两个任务分别表示为 $A1$、$A2$,$B1$、$B2$, $C1$ 和 $C2$,这时,线性尺度的合法响应向量则变为 $\{000000\}$、$\{110000\}$、$\{111100\}$ 和 $\{111111\}$。可供分析的频率数据针对 $2^6 = 64$ 个响应向量,并且各种不同的模型,例如 Proctor 模型、侵入—遗漏误差等等都可以被相应地定义。一般而言,由于该技术不要求线性尺度的每一个水平都被同样数量的变量表示,因此这个技术非常灵活。在实践中,这个方法最大的缺点是它往往带来数量巨大的响应向量。

第**5**章

联合尺度

第 1 节 | 概述

　　尽管对一系列变量的响应可能表现出分层性质,但一个简单的线性尺度可能不能适当地描述数据的复杂性。本章我们会考虑一些把来自两个或以上不同线性尺度的合法响应向量合并在一起的联合尺度。其在参数估计、显著度检验等方面不会有新的原则,所以我们仅关注这些联合尺度的定义和说明。

第 2 节 │ **双形和多形尺度**

双形尺度基于来自两个不同线性尺度的一组特殊的合法响应向量。例如,有四个数学测试题 A、B、C 和 D,我们假设以下两个线性结构:(1)题目 A 是题目 B 的先决条件,题目 B 是题目 C 的先决条件,而题目 C 又是题目 D 的先决条件。(2)题目 B 是题目 A 的先决条件,题目 A 是题目 C 的先决条件,而题目 C 又是题目 D 的先决条件。用符号来表示这两个线性尺度就是 $A{\to}B{\to}C{\to}D$ 和 $B{\to}A{\to}C{\to}D$。第一个线性尺度基于合法响应向量 $\{0000\}$、$\{1000\}$、$\{1100\}$、$\{1110\}$ 和 $\{1111\}$,然而第二个线性尺度是基于另一组合法响应向量 $\{0000\}$、$\{0100\}$、$\{1100\}$、$\{1110\}$ 和 $\{1111\}$。这两个组合并起来构成了一个双形尺度的六个合法响应向量。注意前四个向量包含了题目 A 和 B 所有可能的 0/1 回答的组合。因为这两个题目可以被认为是无序的,如果我们认为题目 A 和 B 都是题目 C 的先决条件,题目 C 又是题目 D 的先决条件,但题目 A 和 B 之间没有先决关系,那么我们就可以得到最终完全一样的一组合法响应向量。用符号来表示这一结构的话就是 $A{\leftrightarrow}B{\to}C{\to}D$,其中双向箭头($\leftrightarrow$)读作"之间没有先决关系"。在实践中,后面这种对尺度的概念化往往更为合适。因此,从逻辑上讲,如果两个变量在替代型尺度中可以有不同的排序，那么事实上，这两个变量之间不存在先决关系。

更复杂的尺度是多形尺度，它可以在结构中加入更多的线性尺度。除了线性尺度 $A{\to}B{\to}C{\to}D$ 和 $B{\to}A{\to}C{\to}D$，我们可以假设存在第三个线性尺度：题目 A 先决于题目 C，题目 C 先决于题目 B，而题目 B 先决于题目 D。用符号表示这个尺度就是 $A{\to}C{\to}B{\to}D$，并且它包含了以下合法向量 $\{0000\}$、$\{1000\}$、$\{1010\}$、$\{1110\}$ 和 $\{1111\}$。这三个组合并起来构成了七个多形尺度合法响应向量：$\{0000\}$、$\{1000\}$、$\{0100\}$、$\{1100\}$、$\{1010\}$、$\{1110\}$ 和 $\{1111\}$。

在实践中，研究者有时可以事先对一组变量假定一个线性尺度再估计该模型的参数。如果发现这个线性尺度并不能很好地拟合数据，然后再通过加入其他合法响应向量来改进模型拟合。在这个过程中，双形或多形尺度可能提供符合数据的合理模型。应该注意的是，在这一过程中研究者已经从验证性分析过渡到了探索性分析，前者的显著性检验和置信区间都有通常教科书式的解释，而后者的相应解释则需要特别小心。例如，如果发现线性尺度提供了很差的拟合度，我们进而相应地加入合法响应向量以改进尺度。这时所得的新模型，我们并不清楚其 0.05 显著水平（或 95％ 的置信区间）意味着什么。一般的经验告诉我们新"发现"的尺度应该要进行交叉检验。尽管实践中很少这么做，我们还是要告诫大家在解释本质上是探索性的结果时候要慎之又慎。

第 3 节 | IEA 巴士数据

国际教育成绩评估协会（IEA）在世界范围内对在校儿童进行了成绩测试用来进行国家间比较（Elley，1992）。1991 年对九岁学童的阅读能力评估的一部分是基于一系列文章段落内容的多项选择题。其中一个段落，在此简称为"巴士"，向儿童展示了一个关于巴士站牌的信息。根据他们对这些信息的阅读和理解，测试中提出了四个问题。表 5.1 总结了美国 6 359 个学童对巴士问题的回答情况。四个题目，分别标记为 A、B、C 和 D。对儿童来说，按这个顺序题目的难度是递加的，且正确回答每一个题目的比例分别是：0.690、0.516、0.272 和 0.080。四个题目平均回答正确率为 0.390，说明这些题目对于美国学童来说相当难。基于以上观察，我们可以大概判定一个线性尺度，然后用第 4 章中描述的各种误差模型——Proctor 模型、侵入—遗漏误差和具体潜类别误差模型来拟合数据。由于模型拟合并不理想，因此这里没有报告。进而，我们用具体变量误差模型，拟合程度大大提高（表 5.1 中的"模型 I"）。

表 5.1 对 IEA 巴士数据的模型拟合

题目 {ABCD}	频率	模型的预期频率					
		模型 I	偏差 I	模型 II	偏差 II	模型 III	偏差 III
{0000}	1 138	1 148.88	0.103	1 129.75	0.060	1 130.09	0.055
{1000}	1 532	1 532.84	0.000	1 539.17	0.033	1 539.80	0.040
{0100}	502	466.37	2.722	504.42	0.012	500.06	0.008
{1100}	1 354	1 377.27	0.393	1 352.13	0.003	1 354.75	0.000
{0010}	75	70.34	0.309	73.72	0.022	74.07	0.012
{1010}	200	220.67	1.936	213.28	0.827	208.71	0.363
{0110}	198	182.69	1.283	168.40	5.203	198.34	0.001
{1110}	852	851.93	0.000	870.13	0.378	845.19	0.055
{0001}	13	23.25	4.519	21.98	3.669	22.48	3.998
{1001}	43	32.21	3.615	31.49	4.207	32.34	3.514
{0101}	9	10.88	0.325	11.68	0.615	10.78	0.294
{1101}	37	35.07	0.106	37.06	0.000	36.69	0.003
{0011}	15	13.06	0.288	10.48	1.949	6.68	10.363
{1011}	59	60.38	0.032	54.13	0.438	60.92	0.061
{0111}	23	57.51	20.708	52.53	16.600	30.64	1.905
{1111}	309	275.65	4.035	288.66	1.433	307.47	0.008
合计	6 359	6 359.00	40.374	6 359.01	35.450	6 359.01	20.677
G^2		46.86		39.62		18.54	
DF		7		6		5	
p 值		0.000		0.000		0.002	
I_o		0.016		0.013		0.006	
AIC*		32.858		27.620		8.541	
BIC*		−14.445		−12.926		−25.247	

注:模型:I.线性尺度;II.双形尺度;III.改进的双形尺度。

　　用如巴士数据这样大的数据集拟合模型时的一个常见问题是,显著性检验往往显示模型拟合度不足,而这些模型单从描述性来看似乎可以合理地代表数据。在当前这个例子中,具体变量误差模型的相异性指数较小,为 1.6%,而 π^* 值仅为 0.067,但是卡方值 G^2 有 46.86,自由度为 7($p <$ 0.001)。 为了得到一个拟合度更高的模型,我们探讨了双形

尺度的可能性。表 5.1 中标记为"偏差 I"的列显示的是皮尔森卡方拟合优度统计量的构成部分，可以发现，符合响应向量{0111}模式的观测量很少（即 6 359 中的 23 个，或少于 0.4％），但却存在很大偏差。在占较大频率的响应向量中，{0100}和{1111}的卡方构成部分非常引人注意。因为后者是一个合法响应向量，从而也可进一步将{0100}看做另一个的合法向量。如第 5 章第 2 节所述，这时，模型尺度变为基于头两个线性尺度的双形尺度。表 5.1 的"模型 II"和"偏差 II"两列分别报告了基于双形尺度所得预期值和皮尔森卡方统计量的构成部分。从 G^2 卡方统计量和相异性指数来看，该模型的拟合度相较于线性模型只改进了一点点。

接下来考虑的模型基于一组合法响应向量{0000}、{1000}、{1100}、{1110}、{1111}、{0100}、{0110}和{0111}，其反映了我们在模型 I 中注意到的偏差。注意，最后三个向量是忽略题目 A 后所得的线性尺度。在使用 MLLSA 计算这个模型的参数估计值的时候，我们令最后一个合法响应向量{0111}的潜类别比例收敛于 0.0。因此，在进行模型估计时我们省略了这个向量，从而模型估计了七个而不是八个潜类别。

就该七类别模型（在表 5.1 中标记为"模型 III"）而言，尽管 G^2 卡方统计量还是在常规水平上显著，模型拟合与前两个模型相比有实质性的改善，且相异性指数仅为约 0.6％。

虽然有可能进一步改善这个模型，我们仍倾向于基于表 5.2 中的参数估计来解释模型 III。因为在众多估计模型中，无论从最小 AIC* 还是最小 BIC* 策略来说，这个模型都是被青睐的。应当注意的是，就潜类别数量（即七个）来说，我们

已经拟合了一个相当复杂的潜类别模型,但是模型中的总参
数量却依然被控制在一个合理的水平,原因在于任何数量的
潜类别都只有四个误差率参数(每个测试题目一个)。
{0100}和{0110}这两个合法响应向量的潜类别比例代表了
较少的儿童(即分别是0.041和0.024),但是这些向量,包括
其线性尺度,对于获得较好的数据拟合都是必要的。如果样
本量越小,那么对于较小潜类别的比例估计就会越不理想,
但是实际上这里的4.1%对应着261个儿童,而2.4%对应着
153个儿童。

表5.2 对模型 III 的参数估计

合法向量	潜类别比例	题　目	误差率
{0000}	0.208	A	0.084
{1000}	0.268	B	0.163
{1100}	0.228	C	0.033
{1110}	0.170	D	0.019
{1111}	0.063		
{0100}	0.041		
{0110}	0.024		
合计	1.000		

表5.3 对模型 III 的分类结果

{ABCD}	频　率	预期频率	模型类别	模型后验概率
{0000} *	1 138	1 130.90	{0000}	0.849 2
{1000} *	1 532	1 539.80	{1000}	0.803 7
{0100} *	502	500.06	{0100}	0.375 2
{1100} *	1 354	1 354.75	{1100}	0.775 9
{0010}	75	74.07	{0000}	0.443 3
{1010}	200	208.71	{1110}	0.733 7
{0110} *	198	198.34	{0110}	0.548 9
{1110} *	852	845.19	{1110}	0.927 6
{0001}	13	22.48	{0000}	0.842 4

续表

{ABCD}	频　率	预期频率	模型类别	模型后验概率
{1001}	43	32.34	{1000}	0.755 4
{0101}	9	10.78	{0100}	0.343 4
{1101}	37	36.69	{1100}	0.565 5
{0011}	15	6.68	{1111}	0.781 5
{1011}	59	60.92	{1111}	0.932 7
{0111}	23	30.64	{1111}	0.872 6
{1111}*	309	307.47	{1111}	0.946 1
合计	6 359	6 359.01		

注：星号(*)表示合法的回答模式。

除了题目 B，另外三个巴士题目的误差率都比较小。通过对表 5.3 中分类结果的分析可以对这些误差率有更深的了解。与前面一样，标记为"模型类别"的一列展示了那些基于贝叶斯定理并有着最大的后验概率的合法响应向量。注意，响应向量{1010}与合法响应向量{1110}划分为一类，而{0011}和{1011}两个响应向量与合法向量{1111}划分为一类。在任意一种情况下，题目 B 都需要一个误差项，而这也解释了这个题目误差率相对较大的原因。分类的成功与否可以通过以下两个数值判断，即：正确分类的比例 0.780，和机会修正比例 $\lambda = 0.700$。

第**6**章

多组分析

很多重要的研究问题都涉及组与组之间的比较。例如,就第 3 章的舞弊数据,我们可以问潜类别结构在男学生和女学生之间是否可比,和/或是在大学中不同学科的学生之间是否可比。类似地,第 4 章中左—右空间任务的线性尺度也可以进行跨性别和/或种族的比较。解决这些问题的一个简化的方法是,对不同组别分别拟合潜类别模型,然后基于获得的结构判断相似与否。但是,这一章将提出一种建模方法,为不同组别的比较提供统计基础。简而言之,人们倾向于先对合并样本拟合模型,然后对不同组别分别拟合模型。拟合合并样本的模型可以被认为是分组模型的一个限制性形式。因此,我们可以用包括统计显著性检验、模型比较方法 AIC 或 BIC 等各种标准来帮助我们决定是否要在建模中包含分组变量以更好地拟合数据。对本章节中提到的相关主题更技术性的描述以及其他例子可参阅 Clogg & Goodman(1984)。

第 1 节 | 多组极端类型模型

方程 3.1 中展现了对一组四个与大学生学术舞弊相关的调查题目的极端类型模型。我们进一步改写这个模型以包含受访者类型。令 G 代表一个 H 类（$h=1,\cdots,H$）的分组显变量。于是，对于第 h 组的第 s 个响应向量，关于 A、B、C 和 D 四个变量的极端类型模型的非限制性或者异质性版本可以写作：

$$\mathrm{P}(\mathbf{y}_{sh})=\pi_{hijkl}^{G\overline{ABCD}}=\sum_{t=1}^{T}\pi_{hijklt}^{G\overline{ABCD}X}$$
$$=\pi_{h1}^{G\overline{X}}\times\pi_{hi1}^{G\overline{A}X}\times\pi_{hj1}^{G\overline{B}X}\times\pi_{hk1}^{G\overline{C}X}\times\pi_{hl1}^{G\overline{D}X}+\cdots \qquad [6.1]$$
$$+\pi_{h2}^{G\overline{X}}\times\pi_{hi2}^{G\overline{A}X}\times\pi_{hj2}^{G\overline{B}X}\times\pi_{hk2}^{G\overline{C}X}\times\pi_{hl2}^{G\overline{D}X}$$

其中，方程包括了常用限制条件，即：对于每一个组都有 $\pi_{h1}^{G\overline{X}}+\pi_{h2}^{G\overline{X}}=1$。如果在第 h 组中样本的观测比例为 P_h^G，那么第 s 个响应向量的非条件概率为 $\mathrm{P}(\mathbf{y}_{sh})=\pi_{ijkl}^{ABCD}=\sum_{h=1}^{H}P_h^G\times\mathrm{P}(\mathbf{y}_{sh})$。注意组别比例 P_h^G 没有写作参数形式是因为我们认为它们在样本中是固定的，所以不需要估计。由于模型是对各组间的合并响应向量进行估计和拟合，从而不论在何种情况下，总的概率 $\mathrm{P}(\mathbf{y}_s)$ 都不是关注的焦点。也就是说，对于包含两组四个二分类变量的观测数据有 2×2^4，或 32 个响应向量,还有 32 个与之对应的发生频率,而多组潜类别模型是对这 32 个频率进行拟合。应该要注意到,在方程 6.1 中总结的异质性多组模型的潜类别比例的最大似然估计值 $\pi_{h1}^{G\overline{X}}$ 和条件概率 $\pi_{hi1}^{G\overline{A}X}$、$\pi_{hj1}^{G\overline{B}X}$ 等都可以像第 3 章中描述和说明的那样通过对每一个组别分别计算估计值得到。

当仅对一组的受访者拟合潜类别模型时,预期频率大小被限制为与样本量 N 相等。但对于多组潜类别模型,预期频率的额外限制与各组别样本量有关。例如,样本中包含两个大小分别为 N_1 和 N_2 的组别,其中 $N = N_1 + N_2$,那么模型的预期频率在第一组中必须总和为 N_1,在第二组中必须总和为 N_2。当估计参数和计算多组潜类别模型的自由度时,这些样本量的限制必须被考虑到。

在大多数多组潜类别分析中,比较的关注点都集中于方程 6.1 中展现的异质性模型和一个没有任何参数与分组变量有关的限制性模型,该模型被称作完全同质性模型的限制性模型。如果该完全同质性模型包含四个变量和两个潜类别,则需要对方程 6.1 施加以下限制:

$$\pi_{11}^{G\overline{X}} = \pi_{21}^{G\overline{X}} = \cdots = \pi_{H1}^{G\overline{X}}$$

$$\pi_{1i1}^{G\overline{A}X} = \pi_{2i1}^{G\overline{A}X} = \cdots = \pi_{Hi1}^{G\overline{A}X} \qquad \pi_{1j1}^{G\overline{B}X} = \pi_{2j1}^{G\overline{B}X} = \cdots = \pi_{Hj1}^{G\overline{B}X}$$

$$\pi_{1k1}^{G\overline{C}X} = \pi_{2k1}^{G\overline{C}X} = \cdots = \pi_{Hk1}^{G\overline{C}X} \qquad \pi_{1l1}^{G\overline{D}X} = \pi_{2l1}^{G\overline{D}X} = \cdots = \pi_{Hl1}^{G\overline{D}X} \qquad [6.2]$$

$$\pi_{1i2}^{G\overline{A}X} = \pi_{2i2}^{G\overline{A}X} = \cdots = \pi_{Hi2}^{G\overline{A}X} \qquad \pi_{1j2}^{G\overline{B}X} = \pi_{2j2}^{G\overline{B}X} = \cdots = \pi_{Hj2}^{G\overline{B}X}$$

$$\pi_{1k2}^{G\overline{C}X} = \pi_{2k2}^{G\overline{C}X} = \cdots = \pi_{Hk2}^{G\overline{C}X} \qquad \pi_{1l2}^{G\overline{D}X} = \pi_{2l2}^{G\overline{D}X} = \cdots = \pi_{Hl2}^{G\overline{D}X}$$

一般的,对于 H 个层级的分组变量和 V 个二分类变量,异质性极端类型模型所要估计的独立参数的数量是 $H \times (2V + 1)$。另外,组样本量对于预期频率之和有 H 个限制条件。因此,拟合这个异质性模型的自由度为 $H \times 2^V - 2H \times V + 2H = H \times (2^V - 2V - 2)$。而完全同质性模型的一般形式总共有 $2V + 1$ 个独立参数,对于其预期频率同样也有 H 个限制条件。因此,完全同质性模型有 $H \times 2^V - (2V + H + 1)$ 个自由度,并且非限制性和限制性模型的自由度之差为 $2V \times (H - 1) + H - 1$。这两个模型是相互嵌套的,并且所施加的限制条件并不涉及把参数的边界值设为 0。因此,在这种情况下,我们可以使用卡方差异性检验。注意,一般情况下,不需要同时施加方程 6.2 中提到的所有限制条件。因此,我们接下来将要举例说明如何定义和检验一系列具有部分同质性的模型。

基于不同组别样本的完全同质性模型的参数估计值,与基于合并样本估计的比较模型的估计值是完全一样的。然而,两种分析在拟合观测数据方面可能有差别。例如,给定模型包含 $V = 4$ 个变量时,对 16 个单元格进行拟合的模型可能会有一个不错的拟合度。但是如果样本被分为男性受访者和女性受访者,再用同样的模型(即完全同质性模型)去拟合 32 个单元格,拟合度可能就不是那么令人满意了。

第 2 节 | 对舞弊数据的多组分析

　　表 6.1 报告了关于舞弊数据的男性和女性受访者的汇总信息。由于有两个学生没有在调查问卷上报告他们的性别，从而样本总量是 317 而不是 319。表 6.2 报告了分别对男学生和女学生以及合并样本估计的潜类别比例和条件概率（由于样本量的变化，合并样本的估计值与表 3.1 中报告的有细微出入）。对男性样本和女性样本分别进行分析所得到的分组估计值来自一个基于 Newton-Raphson 过程的程序（即 MODEL3G，Dayton & Macready，1977），并且该程序可计算出相应标准误（同样的估计值通过 LEM 也可以得到，但 MLLSA 或 LCAG 只会报告估计值，而没有标准误）。MLLSA 的合并组分析把性别看做模型的一个显变量（总共有五个变量），但是将性别的两个潜类的条件概率分别固定在 $P_1^G = 137/317 = 0.423\,18$（即男性的比例）和 $P_2^G = 180/317 = 0.576\,82$（即女性的比例）。另外，模型还是加了方程 6.2 中的九个限制条件。注意，表 3.3 记录了总样本的标准误估计。仅从描述性信息来看，所估计的惯性舞弊者（即第一个潜类别）的比例在男性中似乎要比在女性中大。但是就几个具体的舞弊行为的条件概率来说，女性要比男性大。

表 6.1　男性和女性受访者的舞弊数据

题　目	性　别		合　计
{ABCD}	男　性	女　性	
{0000}	99	107	206
{1000}	5	5	10
{0100}	1	11	12
{1100}	3	8	11
{0010}	1	6	7
{1010}	1	0	1
{0110}	0	1	1
{1110}	1	0	1
{0001}	18	28	46
{1001}	1	2	3
{0101}	1	3	4
{1101}	2	2	4
{0011}	2	3	5
{1011}	1	1	2
{0111}	1	1	2
{1111}	0	2	2
合计	137	180	317

表 6.2 中报告的 G^2 证明分组的极端类型模型对男性（$G^2 = 7.303$，自由度＝6，$p = 0.294$）和女性（$G^2 = 8.660$，自由度＝6，$p = 0.194$）分别都提供了合理的拟合度。通过把分组分析的 G^2 值和自由度相加可以得到异质性模型对合并样本的拟合，其中，$G^2 = 7.303 + 8.660 = 15.963$，自由度＝6＋6＝12（$p = 0.193$）。此外，完全同质性模型对合并样本的拟合也不错［$G^2 = 28.992$，自由度＝21，$p = 0.114$；这一数据看似分布比较稀疏，但是皮尔森卡方统计量（$X^2 = 25.017$，$p = 0.246$）和 Read-Cressie 统计量（$I^2 = 25.598$，$p = 0.227$）也会给出相同的结论］。应该要注意的是，拟合完全同质性模型的卡方统计量是针对代表所有响应向量的 32 个单元格而言的，这与第 3 章中报告的情况有所不同（在第 3 章中极端类型

模型实际上是对男女学生加总在一起的四个舞弊题目的边际分布来进行拟合）。然而，第 3 章中的分析结果也证明所用模型的拟合度较好（$G^2 = 7.764$，自由度 $= 6$，$p = 0.256$）。

　　另一个有意思的问题是，男学生和女学生是否具有同样的潜类别结构。通过使用一个卡方差异性统计量检验，即基于非限制性（异质性）和限制性（完全同质性）模型对合并样本拟合的 G^2 值的差异的显著性检验。这一差异为 $28.992 - 15.963 = 13.029$，自由度为 $21 - 12 = 9$。该自由度下 G^2 的差异值所对应的概率并不显著（$p = 0.161$），这意味着完全同质性模型对合并样本的拟合并不比异质性的分组模型差。因此，男性和女性样本之间在潜结构上并没有太大区别。另一个选择的方法是用赤池信息准则 AIC*。同质性模型和异质性模型的 AIC* 值分别是 $28.992 - 2(21) = -13.008$ 和 $15.963 - 2(12) = -8.037$。因此，基于最小 AIC* 的策略，我们同样倾向于选择完全同质性模型（相应的 BIC* 值分别为 -91.945 和 -53.144）。

表 6.2　对舞弊数据的两类别解决办法

题目	类 别 1					类 别 2				
	男 性		女 性		合计	男 性		女 性		合计
	估计	标准误	估计	标准误		估计	标准误	估计	标准误	
A	0.475	0.202	0.644	0.321	0.571	0.015	0.040	0.020	0.045	0.017
B	0.417	0.193	0.693	0.281	0.059	0.000	0.032	0.064	0.055	0.024
C	0.270	0.146	0.188	0.104	0.215	0.000	0.020	0.059	0.021	0.037
D	0.405	0.152	0.375	0.130	0.378	0.139	0.039	0.209	0.036	0.183
LC 比例	0.190	0.119	0.146	0.108	0.163	0.810		0.854		0.837
N	137		180		317					
G^2	7.303		8.660		28.992					
自由度	6		6		21					
p 值	0.294		0.194		0.114					

第 3 节 │ **对单个参数的显著性检验**

有的研究者可能对前面报告的全局比较结果并不满意，而是希望更详细地检验惯性舞弊者的舞弊行为和估计比例。对于两个不同的样本，假设已知一个参数 θ 的估计值为 $\hat{\theta}_1$ 和 $\hat{\theta}_2$ 以及相对应的标准误为 $S_{\hat{\theta}_1}$ 和 $S_{\hat{\theta}_2}$。那么对于相应总体的等价性（即 $H_0 : \theta_1 = \theta_2$）的大样本 z 检验为：

$$z = \frac{\hat{\theta}_1 - \hat{\theta}_2}{\sqrt{S_{\hat{\theta}_1}^2 - S_{\hat{\theta}_2}^2}}$$ [6.3]

由于这是一个大样本检验，因此我们使用了来自标准正态分布的临界值（如双尾检验的临界值为 1.96，显著性水平为 0.05）。举个例子，考虑有估计值 $\hat{\pi}_{111}^{G\bar{B}X} = 0.417$（男性对舞弊行为 B"为了避免交期末论文而撒谎"的肯定回答，属于惯性舞弊者的潜类别）和 $\hat{\pi}_{211}^{G\bar{B}X} = 0.693$（对女性，回答类似）。为了检验在惯性舞弊者的潜类别中男性和女性受访者在这一舞弊行为上的等价性，我们计算出适当的统计量 $z = (0.417 - 0.693) / \sqrt{0.193^2 + 0.281^2} = -0.276 / 0.341 = -0.81$，是一个并不显著的值。然而，考虑舞弊行为 C——"出钱买期末论文/考试题目"，在非舞弊者类别中，男性和女性的条件概率估计分别为 $\hat{\pi}_{112}^{G\bar{C}X} = 0.000$ 和 $\hat{\pi}_{212}^{G\bar{C}X} = 0.059$。相应的 z 值是

$z = (0.000 - 0.059)/\sqrt{0.020^2 + 0.021^2} = -0.059/0.029 = -2.03$，在 0.05 水平上显著。但是要注意，保守做法是不要去诠释这一差别，原因在于总的来说，对男性和女性间的比较并不支持舞弊行为在性别间存在任何系统性的差别。

第4节 | 部分同质性

　　对于包含两个或多个组的潜类别模型,可以定义其中的一些参数为同质性的,而另一些参数是异质性的。但是在建立这些模型时,需要考虑一些概念问题。比方说,变量的条件概率是解释潜结构的基础。在这一潜结构中,条件概率刻画了个案的不同子类别。如果这些条件概率对于男性和女性受访者来说不同,那么潜结构就会不同。然而,如果变量的条件概率在两个性别间是一样的但潜类别中的个案比例却不一样的话,这可以理解为潜结构,即个人的子类别是一样的,但是这些子类别却有着分布上的差异。因此,在一些应用中,人们可能对忽略方程 6.2 中第一组限制条件(即忽略潜类别比例的等价性,$\hat{\pi}_{11}^{G\bar{X}} = \hat{\pi}_{21}^{G\bar{X}} = \cdots = \hat{\pi}_{H1}^{G\bar{X}}$)的部分同质性模型感兴趣。对于有着 V 个变量的极端类型模型来说,这个部分同质性模型有 $H \times 2^V - 2(V + H)$ 个自由度,并可以通过卡方统计量差异(或信息方法)来与完全同质性或异质性模型相比较。

第 5 节 | 多组尺度模型

　　第 4 章和第 5 章中展现的尺度模型可以被应用于有两组或多组受访者的情况。一般情况下，异质性模型、完全同质性模型和部分同质性模型的构建、估计和模型拟合评估可以使用前面提到的极端类型模型的原则。

　　为了演示这些想法，我们基于第 4 章第 2 节中的左—右空间任务数据分别对男性样本和女性样本进行估计。这里，我们用包含一个线性尺度的侵入—遗漏误差模型进行评估，因为它在之前对总样本的拟合中表现得较好。表 6.3 总结了以性别区分的响应向量的频率，表 6.4 报告了估计结果。表 6.4 中标记为"男性"和"女性"的两列包含了对一个非限制性的或异质性的模型潜类别比例、侵入误差和遗漏误差的估计值。而标记为"总体"的那一列则是完全同质性模型结果，其假定所有参数在男性和女性中一样。从 G^2 值看出，侵入—遗漏误差模型对男性和女性儿童都提供了较好的拟合度（G^2 值分别为 4.469 和 1.642，自由度为 2，p 值分别为 0.107 和 0.004）。对异质性模型的拟合度的评估通过对这些 G^2 值加总，所得 G^2 为 $4.469 + 1.642 = 6.111$，自由度为 4。这个值显示模型对数据的拟合程度较好（$p = 0.191$）。

表 6.3 男性和女性受访者的空间数据

水平{ABC}	总频率	男 性	女 性
{000}*	170	82	88
{100}*	73	44	29
{010}	6	5	1
{110}*	254	105	149
{001}	0	0	0
{101}	1	0	1
{011}	0	0	0
{111}*	69	30	39
合计	573	266	307

注:星号(*)表示合法的回答模式。

表 6.4 空间数据的侵入—遗漏误差解决方法

潜类别	男性比例	女性比例	总体比例
{000}	0.303	0.286	0.295
{100}	0.158	0.091	0.122
{110}	0.423	0.492	0.460
{111}	0.116	0.131	0.124
侵入误差率	0.000	0.000	0.000
遗漏误差率	0.029	0.008	0.017
N	266	307	573
G^2	4.469	1.642	16.545
自由度	2	2	10
p 值	0.107	0.440	0.085

  通过对潜类别比例和男女儿童之间的侵入—遗漏误差率施加等价限制,我们可以定义一个完全同质性模型。正如表6.4 中的"总体比例"这一列所示,完全同质性模型对数据提供了不错的拟合度($G^2 = 16.545$,自由度 $= 10$,$p = 0.085$)。完全同质性模型嵌套于异质性模型,由于没有将潜类别比例限制到一个边界值,这些模型可以通过卡方统计量的差异来进行比较,所得 $G^2 = 16.545 - 6.111 = 10.434$,自由

度 $=10-4=6$。这个值在常规显著性水平上是不显著的（$p=0.108$）。基于此，完全同质性模型更受青睐。并且，最小 AIC* 和最小 BIC* 策略也倾向于选择完全同质性模型（AIC* 值分别是 -3.455 和 -1.889，BIC* 值分别为 -41.044 和 -16.925）。

对完全同质性模型的参数估计（表 6.4）证明，在实际情况中，侵入误差并不存在（对侵入误差率的估计实际为 0.0003，但在表格中四舍五入为 0.000）。然而，遗漏误差却有 1.7% 的几率发生，这些误差解释了表现出响应向量 $\{010\}$ 的六个个案。

第 6 节 | 补充

在潜类别模型中加入一个分组变量可以允许的特定分析，由于模型识别不足，这些分析在没有分组变量的时候往往无法完成。考虑这样一个例子，假设个案包含 $V=2$ 个变量。因为有四个响应向量，所以只可能存在有限的建模方式（事实上，只有两类 Proctor 模型会得到正的自由度）。然而，如果样本可以被分成两个或以上的组别，那么就会产生足够的自由度对同质性两类模型的拟合度进行评估。特别是，如果分组变量包含两个类别，那么就会产生总共八个响应向量。因为该模型有五个独立参数需要估计（即一个潜类别比例和四个条件概率），以及对施加到两个组的样本量之上的两个限制条件进行评估。这些概念同样适用于尺度模型。例如，如果将数据分成两组并对当三个变量拟合时，尽管对具体变量误差模型的同质性版本来说自由度是正的，但模型本身是饱和的。除了分组的这个优势，应当要注意的是该建模方法会有很多限制，因为只有同质性模型可以被评估。

第 **7** 章

伴随变量模型

第 1 节 | 伴随变量潜类别模型

一组变量的潜结构可能依据受访者的特点而改变。在第 6 章中,潜结构是以分组显变量(如,男性和女性)为条件的。在这一章中,这些概念进一步扩展到条件变量可能是连续的或者是分类和连续性变量的组合的例子。例如,就在第 3 章中的舞弊调查显示,对舞弊行为的响应可能随学生绩点(GPA)的不同而不同。在这种情况下,在对潜结构建模的时候似乎应该使得潜类别中代表惯性舞弊者的成员比例为比方说 GPA 的一个单调递减函数。同时,我们再把学生的性别加入进来作为一个解释变量。一般情况下,这样的模型被称作伴随变量(或协变量)潜类别模型,而 GPA 和性别在一个潜类别模型中都可以扮演伴随变量的角色。由于计算的局限性,我们这里只考虑极端类型模型的伴随变量版本,并且仅关注如何在一个或多个伴随变量与潜类别比例之间建立起函数关系。理论上,这个模型可以进一步扩展以加入其他涉及变量条件概率的函数关系(参见 Dayton & Macready, 1988a, b)。

第 3 章中所描述的一个包含四个显变量 A、B、C 和 D 的极端类型模型,可以写成以下形式:

$$\mathbf{P}(\mathbf{y}_s) = \pi_1^X \times \pi_{i1}^{\bar{A}X} \times \pi_{j1}^{\bar{B}X} \times \pi_{k1}^{\bar{C}X} \times \pi_{l1}^{\bar{D}X}$$
$$+ \cdots + \pi_2^X \times \pi_{i2}^{\bar{A}X} \times \pi_{j2}^{\bar{B}X} \times \pi_{k2}^{\bar{C}X} \times \pi_{l2}^{\bar{D}X} \qquad [7.1]$$

该模型的一般形式为潜类别比例 π_1^X 在函数上独立于由 q 个伴随显变量组成的向量，$Z = \{Z_1, Z_2, \cdots, Z_q\}$。正如在多元回归分析中一样，对于这些变量我们并没有限制性的假设。例如，Z_1 可以是一个连续变量，Z_2 可以是一个代表组成员身份的虚拟变量，Z_3 可以是一个乘积 $Z_1 \times Z_2$，用来表示 Z_1 和 Z_2 的交互项。此外，我们还可以假设 π_1^X 和各 Z 之间的函数关系形式如下：

$$\pi_{1|Z}^X \equiv g(\mathbf{Z}, \boldsymbol{\beta}) \qquad [7.2]$$

其中 $g(\cdot)$ 是一些基于参数向量 $\boldsymbol{\beta}$ 的指定单调递增（或递减）函数。其 logistic 形式运用广泛。[6] 若模型包含两个伴随变量 Z_1 和 Z_2，方程 7.2 则可以被写为：

$$\begin{aligned}
\pi_{1|\mathbf{z}}^X &= \frac{\exp(\beta_0 + \beta_1 Z_1 + \beta_2 Z_2)}{1 + \exp(\beta_0 + \beta_1 Z_1 + \beta_2 Z_2)} \\
&= \frac{1}{1 + \exp(-(\beta_0 + \beta_1 Z_1 + \beta_2 Z_2))} \qquad [7.3]
\end{aligned}$$

其中，$\boldsymbol{\beta}' = \{\beta_0, \beta_1, \beta_2\}$ 是 logistic 回归系。将这一函数与方程 7.1 中的极端类型模型相结合，可以得到以下伴随变量潜类别模型：

$$\begin{aligned}
\mathbf{P}(\mathbf{y}_s \mid \mathbf{Z}_s) &= \pi_{1|\mathbf{Z}_s}^X \times \pi_{i1}^{\overline{A}X} \times \pi_{j1}^{\overline{B}X} \times \pi_{k1}^{\overline{C}X} \times \pi_{l1}^{\overline{D}X} \\
&\quad + \cdots + (1 - \pi_{1|\mathbf{Z}_s}^X) \times \pi_{i2}^{\overline{A}X} \times \pi_{j2}^{\overline{B}X} \times \pi_{k2}^{\overline{C}X} \times \pi_{l2}^{\overline{D}X}
\end{aligned}$$

$$[7.4]$$

其中，$\mathbf{y}_s$ 是响应向量；$\mathbf{Z}_s$ 是第 s 个回答的伴随变量向量。注意，第一个潜类别中的条件概率（即 $\pi_{i1}^{\overline{A}X}$，$\pi_{j1}^{\overline{B}X}$ 等）与第二个潜类别中的条件概率（即 $\pi_{i2}^{\overline{A}X}$，$\pi_{j2}^{\overline{B}X}$ 等）独立于 $\mathbf{Z}_s$。也就是说，这两个潜类别的条件概率值不依赖于伴随变量的值。

　　不幸的是,除了最简单的例子,估计前面提到的伴随变量潜类别模型的参数所需要的数据量是很大的。如果伴随变量取值为连续的话,那么有可能受访者的数据在每一个例子中都不一样,并且基于频率表的计算方法也不再适用。在实践中,我们总是可以将一个连续的伴随变量转变为一组有序的类别,以此来极大地简化数据。例如,在第 3 章中分析的舞弊数据中,每一个学生都报告了他们的本科 GPA。在不分组的情况下,GPA 因层级实在太多使得分析难以实现。然而,我们从受访者处收集的 GPA 数据被分成一组共五个规定的类别(如 2.99 或以下,3.00—3.25,3.26—3.50 等),并且,在给定四个题目的情况下,总的频数表的单元格数被控制在合理的范围内。也就是说,当有 $V = 4$ 个变量和五个类别伴随变量 GPA 时,共有 $16 \times 5 = 80$ 个单元格,319 个样本分布其中(尽管这个频数表可能有点稀疏)。

第 2 节 | 参数估计

　　方程 7.4 中的极端类型伴随变量模型一般包含 $2 \times V$ 个条件变量和 $q+1$ 个基于 q 个伴随变量（就像方程 7.3 说明的那样）的线性模型的 logistic 函数参数。因此，对于这个模型，总共有 $2 \times V + q + 1$ 个参数必须被同时估计。在理论上，最大似然估计值可以通过第 2 章所描述步骤的简单延伸而获得（参见 Dayton & Macready，1988a）。不幸的是，没有一个像 MLLSA 或 LCAG 那样的常用潜类别程序可以用来估计伴随变量潜类别模型。但是通过在像微软 Excel 这样的电子表格中进行编程，分析者可以对合理大小的模型进行估计。比方说，我们可以使用与在第 2 章第 3 节中提到的 Rudas、Clogg 和 Lindsay 方法 π^* 一样的非线性编程技术实现模型评估，详细内容请参见网站//www.inform.umd.edu/EDUC/Depts/EDMS。通过使用非线性编程得到令 G^2 统计量最小的参数估计值，这一过程与寻找最大似然率估计值等同。然而，由于伴随变量潜类别模型的频率表比较稀疏（即包含很多 0 和/或很小的频率），对应 G^2 的分布可能与理论上的卡方分布相差甚远。为了评估模型拟合度，使用第 2 章的方程 2.9 中展现的 Read 和 Cresssie（1988）I^2 统计量可能更为合理。

第 3 节 | 舞弊数据的例子

如前面提到的，我们将学生所报告的本科 GPA 的五个有序类别用作伴随变量的层级，并对四个舞弊题目的响应拟合一个极端类型潜类别模型。由于有四个学生没有报告关于伴随变量的信息，因此这个分析的样本量为 315。表 7.1 报告了 $16 \times 5 = 80$ 个单元格的频数表。出于计算的目的，每一个 GPA 类别以它的中位数（如最后一个区间为 3.875）代表，或对于第一个开放式区间，中位数取值为 2.875。有关该伴随变量模型 Excel 程序与具体的输出结果可参考网站，//www.inform.umd.edu/EDUC/Depts/EDMS。伴随变量模型中回答为"是"的条件概率的最后估计值与第 3 章中报告的极端类型模型的估计值非常相似。与前面的分析一样，第一个潜类别可以被看做代表惯性舞弊者。为了进行比较，这两组值的总结如下：

题 目	极 端 类 型		伴 随 变 量	
	潜类别 1	潜类别 2	潜类别 1	潜类别 2
A	0.579	0.017	0.561	0.010
B	0.591	0.030	0.514	0.035
C	0.217	0.037	0.215	0.035
D	0.377	0.182	0.408	0.174

表 7.1　根据 GPA 水平分组的舞弊数据总结

题目 $\{ABCD\}$	GPA 频率				
	$2.99\&<$	$3.00-3.25$	$3.26-3.50$	$3.51-3.75$	$3.76-4.00$
$\{0000\}$	51	63	35	30	24
$\{1000\}$	5	4	0	0	1
$\{0100\}$	4	4	4	0	1
$\{1100\}$	4	6	1	0	0
$\{0010\}$	0	5	1	0	1
$\{1010\}$	1	0	0	0	0
$\{0110\}$	1	0	0	0	0
$\{1110\}$	1	0	0	0	0
$\{0001\}$	19	18	6	2	1
$\{1001\}$	2	1	0	0	0
$\{0101\}$	3	0	0	1	0
$\{1101\}$	4	0	0	0	0
$\{0011\}$	4	0	0	0	1
$\{1011\}$	0	1	1	0	0
$\{0111\}$	0	1	0	1	0
$\{1111\}$	1	1	0	0	0
合计	100	104	48	34	29

通过 GPA 的 logistic 回归模型所估计的第一个潜类别的比例为：

$$\hat{\pi}_{1|z}^{X}=\frac{\exp(8.960-3.370\times GPA)}{1+\exp(8.960-3.370\times GPA)}$$

因为斜率系数 β_1 的方向为负，所以该函数会随着 GPA 的上升而下降（图 7.1）。如果将 logistic 函数用实线完整地画出来，它将会呈现出一个拱形或者是 S 形。然而，在实际报告的 GPA 范围内，只有拱形的右边部分被观察到。这个图与我们的预期一致，原因在于那些报告较高 GPA 的学生不太可能是惯性舞弊者，而在最低的 GPA 类别中有约三分之一的学生是惯性舞弊者。如果用每一个 GPA 水平的学生数量

对这些估计比例加权,那么总的估计为 17%,这与没有伴随
变量的极端类型模型的结果(即 16%)是一致的。

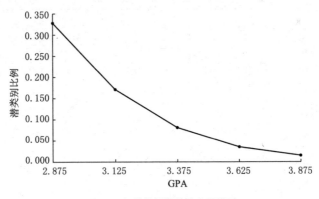

图 7.1 舞弊数据的伴随变量模型

舞弊数据所对应的 G^2 值为 74.955,Read 和 Cressie 的
I^2 值为 79.23。在自由度为 65 的情况下,这两个值都说明了
模型对数据的拟合度较好(p 值分别为 0.187 和 0.110)。注
意,自由度是基于 80 个单元格计算而来,其中考虑了需要估
计的 8 个条件概率和 2 个 logistic 回归参数,以及分别固定在
100,104,48,34 和 29 的五个 GPA 水平的样本量(也就是
说施加了 15 个限制条件)。尽管刀切法步骤可以被用来估
计 logistic 斜率系数 $\hat{\boldsymbol{\beta}}_1$ 的标准误,但是由于频率表中有 80
个单元格,因此这样做很麻烦。一个替代性的方法是将斜率
系数限制在 0(在 EXCEL SOLVER 中使用约束条件)并重新
估计剩下的参数,然后比较卡方拟合度统计量。这等价于按
照 GPA 水平分组的数据拟合一个没有 GPA 伴随变量的极
端类型模型(注意由于在前面的分析中没有分组,因此该分
析与第 3 章中展示的不同)。对于这些数据,限制性模型的

G^2 值和 I^2 值分别为 96.609 和 86.220。与非限制性模型相比，这些值分别高出 21.654 和 6.984。因此，基于 1 个自由度的卡方，这两个差异性统计量都证明将斜率设为 0 显著地降低了对舞弊数据的拟合度。另外，非限制性和限制性模型的 AIC* 值分别为 −55.045 和 −35.391，该结果再一次倾向于包含 GPA 的伴随变量模型（最小 BIC* 值策略同样指向这一结论，它们的值分别为 −298.962 和 −283.061）。

第 4 节 | 混合二项式伴随变量潜类别模型

如第 3 章第 7 节,如果可以限定条件概率在各个潜类别中相等,方程 7.4 中的模型就可以被极大地简化。从本质上讲,我们假设在每一个潜类别中都存在一个单一二项式步骤。对于四个显变量,这些限制条件是:

$$\pi_{11}^{\overline{A}X} = \pi_{11}^{\overline{B}X} = \pi_{11}^{\overline{C}X} = \pi_{11}^{\overline{D}X} \equiv \pi_{11}^{X}$$

$$\pi_{12}^{\overline{A}X} = \pi_{12}^{\overline{B}X} = \pi_{12}^{\overline{C}X} = \pi_{12}^{\overline{D}X} \equiv \pi_{12}^{X}$$

[7.5]

给定这些限制条件,极端类型模型可以使用非线性编程来估计。这一非线性编程是基于 GPA 水平上得分分别为 0、1、2、3 和 4 的频率,而不是 16 个响应向量的相应频率。估计步骤与之前详细说明过的类似,相关总结请见网站//www. inform. umd. edu/EDUC/Depts/EDMS。

伴随变量潜类别模型的拟合度是令人满意的,其对应的 G^2 值为 12.165(自由度为 16, $p=0.733$), I^2 值为 13.722($p=0.619$)。 对于第一个潜类别,回答为"是"的条件概率为 0.312,这可以看做是被报告的舞弊行为的平均比率,尽管这个值要比在第 7 章第 3 节中对四个题目所报告的平均比率 0.425 小得多。类似地,第二个潜类别的值为 0.042,也比第 7

章第 3 节中所报告的值 0.064 小。基于混合二项式模型所做
的 logistic 回归图(图 7.2)在形式上与伴随变量模型类似,尽
管在 GPA 较低的人群中所估计的惯性舞弊者的比例要显著
更高。如果用每一个 GPA 水平的学生人数对这些估计比例
加权,那么所得总估计值约为 32%,这比混合多项式模型
(18%)和没有伴随变量的极端类型模型(16%)都要高。总
而言之,尽管这个模型更容易拟合数据,就目前这个例子来
说,所得模型仍不及更为复杂的混合多项式模型。

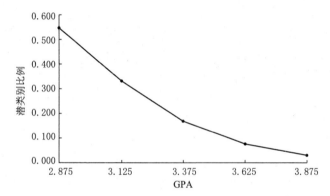

图 7.2 舞弊数据的混合二项式潜类别模型

注释

[1] 需要注意的是这个简单的示范性的例子是基于一个在第 2 章第 2 节中没有被识别的模型。因此,如果真的用一个潜类别分析程序来分析数据,那么特定的潜类别结构可能不会被发现。

[2] 一个包含 MLLSA 的微机程序包——CDAS——可从 Scott R. Eliason 处(爱荷华市 52242,爱荷华大学,社会学系;e-mail:scott-eliason@uiowa.edu 获得。这本书中用到的 MLLSA 版本改编自 Randall Knack 在 1986 年设计的原始电脑主机版本,他当时是马里兰大学测量统计和评估系的研究生。

[3] 这由此提出了一个复杂且极富争议的话题,其涉及了统计显著性和实际意义的相关问题。当在分析中用到大样本时,比较小的影响也很有可能被发现,但是这些效果到底有多重要就是一个实际性的问题了。例如,对于某些食品,当摄入量非常高时可能会导致某些癌症发病率的增加,但是这些增加相对于导致同样疾病的其他更重要的因素而言可能无足轻重。

[4] 尽管在理论上存在几种方法可以在最大似然估计的过程中施加不等价限制条件,但是现有的潜类别分析程序还无法实现该过程。然而,我们可以使用类似于第 3 章第 3 节中在计算 Rudas、Clogg 和 Lindsay 描述的 π^* 方法时所用到的非线性编程步骤来实现,比如像 EXCEL SOLVER 这类的程序就包含了施加不等价限制条件的功能。

[5] Uebersax(1993)提供了一种替代形式,$\exp(1.7\alpha(\tau_v - \beta_t))$,即将因子 1.7 写入方程 4.8 中的分子分母所包含的指数里。常数 1.7 改变了参数的尺度(如方程 4.8 中的 α,可以被简化为 α 与因子 1.7 的商,即 $\alpha/1.7$,从而乘积 1.7α 仍与之前完全一样)。我们将这个因子加入到指数中,因为对于单位正态函数(unit normal distribution),所得 logistic 函数很接近标准正态分布的累计密度函数(或拱形),但是因子的加入对于模型或分析却又没有实质性的影响。事实上,常数 α 可以像类似于在 Rasch 模型中所做的那样被纳入到 τ_v 和 β_t 参数的尺度中。

[6] logistic 函数是在项目反应理论(item response theory)中 Rasch 模型的基础(Andrich, 1988),但是对于其他的单调函数,如单个参数累计指数函数,$\beta \times e^{-\beta z}$ 伴随变量潜类别模型可能更合适(Dayton & Macready, 1988b)。

参考文献

Airasian, P. W. (1969) "Formative evaluation instruments: A construction and validation to evaluate learning over short time periods." Doctoral dissertation, University of Chicago.

Akaike, H. (1973). "Information theory and an extension of the maximum likelihood principle." In B. N. Petrov and F. Csáki, (eds.), 2nd International Symposium on Information Theory, Budapest: Akademiai Kiádo, pp. 267–281. Reprinted in Kotz, S., Johnson, N. L., (eds.) *Breakthroughs in Statistics, Volume I: Foundations and Basic Theory*. New York: Springer-Verlag.

Akaike, H. (1987) "Factor analysis and AIC." *Psychometrika*, 52, 317–332.

Andrich, (1988) *Rasch Models for Measurement*. Thousand Oaks, CA: Sage.

Bartholomew, D. J. (1987) *Latent Variable Models and Factor Analysis*. London: Griffin.

Bolesta, M. S. (1998) "Comparison of standard errors within a latent class framework using resampling and newton techniques." Doctoral dissertation, Department of Measurement, Statistics, and Evaluation, University of Maryland.

Clogg, C. C. (1977) *Unrestricted and Restricted Maximum Likelihood Latent Structure Analysis: A Manual for Users*. University Park, PA: Population Issues Research Office, Pennsylvania State University.

Clogg, C. C. (1988) "Latent class models for measuring." In R. Langeheine and J. Rost (eds.), *Latent Trait and Latent Class Models*. New York: Plenum Press.

Clogg, C. C. (1995) "Latent class models." In G. Arminger, C. C. Clogg, and M. E. Sobel (eds.), *Handbook of Statistical Modeling for the Social and Behavioral Sciences*. New York: Plenum Press.

Clogg, C. C., and Goodman, L. A. (1984) "Latent structure analysis of a set of multidimensional contingency tables." *Journal of the American Statistical Association*, 79, 762–771.

Collins, L. (1997) *Latent Transition Analysis for Windows*. University Park, PA: Pennsylvania State University.

Dayton, C. M. (1991) "Educational applications of latent class analysis." *Measurement and Evaluation in Counseling and Development*, 24, 131–141.

Dayton, C. M., and Macready, G. B. (1976) "A probabilistic model for the validation of behavioral hierarchies," *Psychometrika*, 41, 189–204.

Dayton, C. M., and Macready, G. B. (1977) "Model 3G and Model5: Programs for the analysis of dichotomous, hierarchic structures." *Applied Psychological Measurement*, 1, 412.

Dayton, C. M., and Macready, G. B. (1980) "A scaling model with response errors and intrinsically unscalable respondents," *Psychometrika*, 45, 343–356.

Dayton, C. M., and Macready, G. B. (1988a) "Concomitant-variable latent-class models." *Journal of the American Statistical Association*, 83, 173–178.

Dayton, C. M., and Macready, G. B. (1988b) "A latent class covariate model with applications to criterion-referenced testing." In R. Langeheine and J. Rost (eds.), *Latent Trait and Latent Class Models*. New York: Plenum Press.

Dayton, C. M., and Scheers, N. J. (1997) "Latent class analysis of survey data dealing with academic dishonesty." In J. Röst and R. Langeheine, (eds.), *Applications of Latent Trait and Latent Class Models in the Social Sciences.* Munich: Waxman Verlag.

Efron, B., and Gong, G. (1983) "A leisurely look at the bootstrap, the jackknife, and cross-validation." *The American Statistician, 37,* 36–48.

Elley, W. B. (1992) *How in the World do Students Read? IEA Study of Reading Literacy.* The Hague: IEA.

Everitt, B. S., and Hand, D. J. (1981) *Finite Mixture Models.* New York: Chapman and Hall.

Goodman, L. A. (1974) "Exploratory latent structure analysis using both identifiable and unidentifiable models." *Biometrika, 61,* 215–231.

Goodman, L. A. (1975). "A new model for scaling response patterns: An application of the quasi-independence concept." *Journal of the American Statistical Association, 70,* 755–768.

Goodman, L. A., and Kruskall, W. H. (1954) "Measures of association for cross-classifications." *Journal of the American Statistical Association, 49,* 732–764.

Grego, J. M. (1993) "PRASCH: An Fortran program for latent class polytomous response Rasch models." *Applied Psychological Measurement, 17,* 238.

Guttman, L. (1947) "On Festinger's evaluation of scale analysis." *Psychological Bulletin, 44,* 451–465.

Haberman, S. J. (1979) *Analysis of Qualitative Data, Volume 2: New Developments.* New York: Academic Press.

Haberman, S. J. (1988) "A stabilized Newton–Raphson algorithm for loglinear models for frequency tables derived by indirect observation." In C. C. Clogg (ed.), *Sociological Methodology 1988.* Washington, D. C.: American Sociological Association.

Hagenaars, J. A. (1990) *Categorical Longitudinal Analysis.* Thousand Oaks, CA: Sage.

Hagenaars, J., and Luijkx, R. (1987) "LCAG: Latent class models and other loglinear models with latent variables." Department of Sociology, Tilburg University, The Netherlands.

Kass, R. E., and Raftery, A. E. (1995) "Bayes factors." *Journal of the American Statistical Association, 90,* 773–795.

Langeheine, R. (1994) "Latent variables Markov models." In A. Von Eye and C. C. Clogg (eds.). *Latent Variables Analysis.* Thousand Oaks, CA: Sage.

Lazarsfeld, P. F. (1950) "The logical and mathematical foundation of latent structure analysis." In S. A. Stouffer et al. (eds.), *Measurement and Prediction.* Princeton, NJ: Princeton University Press.

Lazarsfeld, P. F., and Henry, N. W. (1968) *Latent Structure Analysis.* Boston: Houghton Mifflin.

Lin, T. H., and Dayton, C. M. (1997) "Model-selection information criteria for non-nested latent class models. *Journal of Educational and Behavioral Statistics, 22,* 249–264.

Lindsay, B., Clogg, C. C., and Grego, J. M. (1991) "Semi-parametric estimation in the Rasch model and related exponential response models, including a simple latent class model for item analysis," *Journal of the American Statistical Association, 86,* 96–107.

McCutcheon, A. L. (1987) *Latent Class Analysis.* Sage University Papers Series on Quantitative Applications in the Social Sciences, 07-64. Thousand Oaks, CA: Sage.

Mokken, R. J., and Lewis, C. (1982) "A nonparametric approach to the analysis of dichotomous item responses." *Applied Psychological Measurement, 6,* 417–430.

Mooney, C. Z., and Duval, R. D. (1993) *Bootstrapping: A Nonparametric Approach to Statistical Inference.* Sage University Papers Series on Quantitative Applications in the Social Sciences, 07-95. Thousand Oaks, CA: Sage.

Proctor, C. H. (1970) "A probabilistic formulation and statistical analysis of Guttman scaling." *Psychometrika, 35,* 73–78.

Read, T. R. C., and Cressie, N. A. C. (1988) *Goodness-of-Fit Statistics for Discrete Multivariate Data.* New York: Springer-Verlag.

Rost, J. (1985) "A latent class model for rating data." *Psychometrika, 50,* 37–49.

Rost, J. (1988) "Rating scale analysis with latent class models." *Psychometrika, 53,* 327–348.

Rudas, T., Clogg, C. C., and Lindsay, B. G. (1994) "A new index of fit based on mixture methods for the analysis of contingency tables." *Journal of the Royal Statistical Society, Series B, 56,* 623–639.

Schwarz, G. (1978) "Estimating the dimension of a model." *Annals of Statistics, 6,* 461–464.

Sijtsma, K. (1988) *Contributions to Mokken's Nonparametric Item Response Theory.* Amsterdam: Free University Press.

Stouffer, S. A., and Toby, J. (1951) "Role conflict and personality." *American Journal of Sociology, 56,* 395–406.

Uebersax, J. S. (1993) "Statistical modeling of expert ratings on medical treatment appropriateness." *Journal of the American Statistical Association, 88,* 421–427.

Van de Pol, F., Langeheine, R., and de Jong, W. (1991) *PANMARK User Manual: PANel analysis using MARKov Chains,* Version 2.2. Voorburg: Netherlands Central Bureau of Statistics.

van der Linden, W. J., and Hambleton, R. K. (1997) *Handbook of Modern Item Response Theory.* New York: Springer-Verlag.

Vermunt, J. K. (1993) "Log-linear and event history analysis with missing data using the EM algorithm." WORC Paper, Tilburg University, The Netherlands.

Walter, S. D., and Irwig, L. M. (1988) "Estimation of test error rates, disease prevalence and relative risk from misclassified data: A review." *Journal of Clinical Epidemiology, 41,* 923–937.

Whitehouse, D., Dayton, C. M., and Eliot, J. (1980) "A left–right identification scale for clinical use." *Developmental and Behavioral Pediatrics, 1,* 118–121.

Xi, L. (1994) "The mixture index of fit for the independence model in contingency tables." Master of Arts paper, Department of Statistics, Pennsylvania State University.

译名对照表

Akaike information criteria(AIC)	赤池信息量准则
asymptotic covariance matrix	渐近协方差矩阵
Bayesian information criteria(BIC)	贝叶斯信息量准则
biform	双形
biform scales	双形尺度
binomial rate parameters	二项式率参数
bootstrap	自举法
conditional probability	条件概率
confidence interval	置信区间
contingency table	列联表
constant discrimination	恒定差异
dichotomous	二分类的
discrepancy	偏差
dissimilarity	相异性
expected frequency	预期频率
goodness-of-fit	拟合优度
index of dissimilarity	相异指数
intrusion error	入侵误差
intrusion-omission error model	侵入—遗漏误差模型
jackknife	刀切法
maximum-likelihood estimate	最大似然估计
Mixture-binomial model	混合二项式模型
multiform	多形
multiform scales	多形尺度
odds ratio	比值比
omission error	遗漏误差
overparameterization	过度参数化
penalty term	惩罚项
permissible response vectors	合法响应向量
polytomous	多分类的
positive-definite	正定

power-divergence family	效能—离异族
probabilistic treatment	概率处理
rank	秩
resampling	重复抽样
stationary latent Markov model	静态潜马尔科夫模型

图书在版编目(CIP)数据

潜类别尺度分析/(美)C.米切尔·戴顿著;许多
多译.—上海:格致出版社:上海人民出版社,
2017.2
(格致方法·定量研究系列)
ISBN 978-7-5432-2703-3

Ⅰ.①潜… Ⅱ.①C… ②许… Ⅲ.①尺度分析 Ⅳ.
①P432

中国版本图书馆 CIP 数据核字(2016)第 298522 号

责任编辑 贺俊逸

格致方法·定量研究系列
潜类别尺度分析

[美]C.米切尔·戴顿 著
许多多 译 贺光烨 校

出 版	世纪出版股份有限公司 格致出版社	印 刷	浙江临安曙光印务有限公司
	世纪出版集团 上海人民出版社	开 本	920×1168 1/32
	(200001 上海福建中路 193 号 www.ewen.co)	印 张	4.75
		字 数	92,000
	编辑部热线 021-63914988	版 次	2017 年 2 月第 1 版
	市场部热线 021-63914081	印 次	2017 年 2 月第 1 次印刷
	www.hibooks.cn		
发 行	上海世纪出版股份有限公司发行中心		

ISBN 978-7-5432-2703-3/C·161   定价:28.00 元

格致方法·定量研究系列